Autos, die noch Typen waren

Ingo Meier

CITROËN 2CV

ALLE MODELLE VON 1948 BIS 1990

HEEL Verlag GmbH
Gut Pottscheidt
53639 Königswinter
Telefon 02223 9230-0
Telefax 02223 9230-26
info@heel-verlag.de
www.heel-verlag.de

3. Auflage 2022

Verantwortlich für den Inhalt:
Ingo Meier

Lektorat:
Martin Henze

Fotonachweis:
© Citroën Communication; Citroën Deutschland; Citroën Nederland; Citroën Belux; Uwe Boese (S. 109, 114); Fer Cools Archiv (S. 41, 44, 103, 108); Jan Diekmann (S. 77, 81, 82, 87, 98, 106); Jean-Pierre Dombrecht Archiv (S. 38, 39, 95); Michael Euler-Ott (S. 113); Stefan Gasteier (S. 103); Walter Heidemanns (S. 86); Peter Heider (S. 84, 86, 99); Thomas Hennes (S. 104, 105); Harald Hesse (S. 112); Bernhard Hofbauer (S. 65); Norbert Hopp (S. 89, 107); Joachim Kindler (S. 81); Ulrich Knaack Archiv (S. 8, 14, 22, 23, 24); Karl Kritzler (S. 67, 69, 84, 87); Roger Lambert (S. 56); Heinrich Lauser (S. 57, 86, 96); Thomas Lenz (S. 121); Stefan Lütje (S. 98); Ingo Meier (S. 67); Nicole Mingers (S. 123); Karl Nöken (S. 89); Klaus Otto (S. 98, 103, 104, 105); Helmut Samuel (S. 96, 99); Christof Schelbert (S. 48); Ingrid Schlott (S. 103, 105); Steffen Schulze (S. 123); Hansjürg Stihl (S. 43); Wolfgang Tillmann (S. 121, 125)

Titelbild:
© Citroën Communication

Lithographie, Satz und Gestaltung:
Ralf Kolmsee
F5 Mediengestaltung
Bad Honnef

An einigen Stellen in diesem Buch wurden zeitgenössische Pressetexte der neuen deutschen Rechtschreibung angepasst.

Printed in Slovenia

ISBN: 978-3-86852-480-2

Autos, die noch Typen waren

Ingo Meier

CITROËN 2CV

ALLE MODELLE VON 1948 BIS 1990

HEEL

Inhalt

Ein sehr schönes Werbefoto im für Citroën typischen Stil der frühen Siebziger.

Vorwort

Meine persönliche 2CV-Geschichte beginnt mit „Gina" – einer roten 73er Ente, die zum Kaufzeitpunkt bereits acht Jahre alt ist. Unser junges Glück währt leider nur wenige Monate, da Ginas von fortgeschrittener Korrosion geschwächtes Blechkleid dem Schraubenzieher des TÜV-Prüfers keinerlei Widerstand entgegen zu setzen vermag. Die kurze gemeinsame Zeit reicht jedoch aus, um mich für den Rest meines Lebens mit dem 2CV-Virus zu infizieren.

Ungeachtet so mancher Unzulänglichkeit ist die Ente nämlich ein rundum sympathisches Auto, an das man gemeinhin gerne zurückdenkt – vielleicht auch deswegen, weil das Verhältnis Mensch-Maschine in ihrem Fall eher freundschaftlich ausfällt.

Dieses Buch präsentiert Ihnen die Geschichte des französischen Kleinwagenklassikers von den ersten Vorüberlegungen bis zum Produktionsstopp im Jahr 1990, inklusive aller wichtigen Modelle. Sie erfahren darüber hinaus, was den 2CV vor allem In Deutschland schon früh zu einem Liebhaber- und Kultauto werden lässt und auch, warum der 2CV hierzulande eigentlich Ente heißt.

Hinzu kommen zahlreiche private 2CV-Fotos, die größtenteils bislang unveröffentlicht sind und die für die vielen kleinen 2CV-Geschichten stehen, die den kleinen Citroën zu einem unvergessenen Klassiker der Automobilgeschichte machen.
Ohne den Zugriff auf private Fotoalben wäre es kaum möglich gewesen, bis auf ganz wenige Ausnahmen ausschließlich zeitgenössisches Bildmaterial zu verwenden. Ich möchte mich deshalb an dieser Stelle sowohl bei dem Fachmagazin *Oldtimer Markt* für die Veröffentlichung meines Suchaufrufes bedanken als auch bei sämtlichen Lesern, die sich in der Folge bei mir gemeldet haben. Ich bitte dennoch um Verständnis dafür, dass ich eine Auswahl treffen musste.

Mein besonderer persönlicher Dank gilt:
Vincent Beyaert; Uwe Boese; Citroën Communication; Fer Cools; Jan Diekmann; Jean-Pierre Dombrecht; Michael Euler-Ott; Peter Fedler; Stefan Gasteier; Lothar Heidemanns; Walter Heidemanns; Peter Heider; Thomas Hennes; Harald Hesse; Bernhard Hofbauer; Norbert Hopp; Joachim Kindler; Ulrich Knaack; Karl Kritzler; Roger Lambert; Heinrich Lauser; Thomas Lenz; Dr. Kai Lerch; Jürgen Lowartz; Stefan Lütje; Nicole Mingers; Karl Nöken; Klaus Otto; Angelika Reimer; Helmut Samuel; Walter Scharnagl; Christof Schelbert; Anna Schlarb; Ingrid Schlott; Steffen Schulze; Hansjürg Stihl; Claudia Strötzel; Frank Theuer; Wolfgang Tillmann und Bärbel Vomland.

Ich wünsche allen Lesern viel Vergnügen bei der Lektüre dieses Buches!

Ingo Meier
Oktober 2011

Kapitel 1

1922 – 1948: Der lange Weg zum 2CV

Ein preiswertes Auto für jedermann (1922 – 1934)

Die Vorgeschichte des Citroën 2CV beginnt Anfang der zwanziger Jahre in Clermont-Ferrand, von wo aus die Brüder Edouard und André Michelin bereits seit den 1890er Jahren fast alle namhaften europäischen Automobilhersteller mit Reifen beliefern.

Die Brüder André und Edouard Michelin produzieren ab 1889 zunächst Fahrradreifen, bevor sie ab Mitte der neunziger Jahre zu den wichtigsten Reifenlieferanten für die sich entwickelnde Autoindindustrie werden.

Ende 1922 organisieren diese – erstmalig in Europa – eine breit angelegte Marktanalyse zum Volksautomobil, ausgehend von der Feststellung, dass ein Auto in Frankreich „immer noch ein Zeichen von „Reichtum" und nicht wie in den USA ein „Arbeitsgerät für jedermann" ist. Die Michelins vertreten zudem die These, dass die „aus dem Krieg geborene Wirtschaftskrise" mit Hilfe des Automobils und der damit gesteigerten Mobilität „schnell überwunden" werden könne. Die Entwicklung eines für alle sozialen Schichten erschwinglichen Autos sei somit von „nationalem Interesse".

Landesweit werden deshalb zehntausende von Fragebögen verteilt, um auf empirischer Basis das Profil eines künftigen „Volksautomobils" zu erstellen. Gefragt wird zunächst nach dem maximalen Preis, den der potenzielle Käufer aufbringen könnte. Weitere Punkte betreffen die Zahl der Sitzplätze, das benötigte Transportvolumen sowie die Art der zu transportierenden Güter. Interessanterweise wird auch nach der Höchstgeschwindigkeit gefragt, die das Auto auf ebener Fläche erreichen sollte – wobei allerdings ein mahnender Kommentar darauf hinweist, dass „Schnelligkeit teuer" sei ...

André Citroën (1878-1935) schreibt nicht nur Automobilgeschichte; er prägt auch für Jahrzehnte das Gesicht Frankreichs mit.

Auch wenn Citroën bereits 1919 behauptet, dass der 10HP, Typ A das „erste in Großserie gefertigte französische Auto" sei, wird es noch bis Anfang der 1920er Jahre dauern, ehe von einer echten Fließbandfertigung gesprochen werden kann. Im Bild das Citroën-Stammwerk am Quai de Javel.

Aus der Auswertung der Fragebögen ergibt sich im Grunde bereits jenes Lastenheft, das Jahre später die Eckdaten für die Entwicklung des 2CV festlegen wird. Das ideale Volksautomobil müsste demnach über einen großen Innenraum mit vier Sitzplätzen verfügen und 50 Kilo Zuladung transportieren können. Der Preis des 70 bis 80 km/h schnellen Gefährtes dürfte dabei 5000 FF nicht überschreiten. Obwohl Edouard und André Michelin davon ausgehen, dass die Produktionsziffern eines solchen Fahrzeugs die damals aktuellen Höchstmarken um das Zwanzigfache übertreffen würden, verzichten sie jedoch darauf, selbst zu Automobilproduzenten zu werden. Mehr Mut zum Risiko beweist hingegen der junge Unternehmer André Citroën. Inspiriert von Henry Ford führt Citroën schon Anfang der zwanziger Jahre als erster europäischer Automobilhersteller die Fließbandfertigung ein, die große Stückzahlen bei niedrigen Produktionskosten ermöglicht. Bereits das erste Modell der Marke, der 1919 präsentierte 10HP, ist ab Werk fertig karossiert und mit Signal- und Lichtanlage ausgerüstet. Neue Wege geht Citroën auch bei der Vermarktung und beim Service: Als erster Hersteller gewährt die Mar-

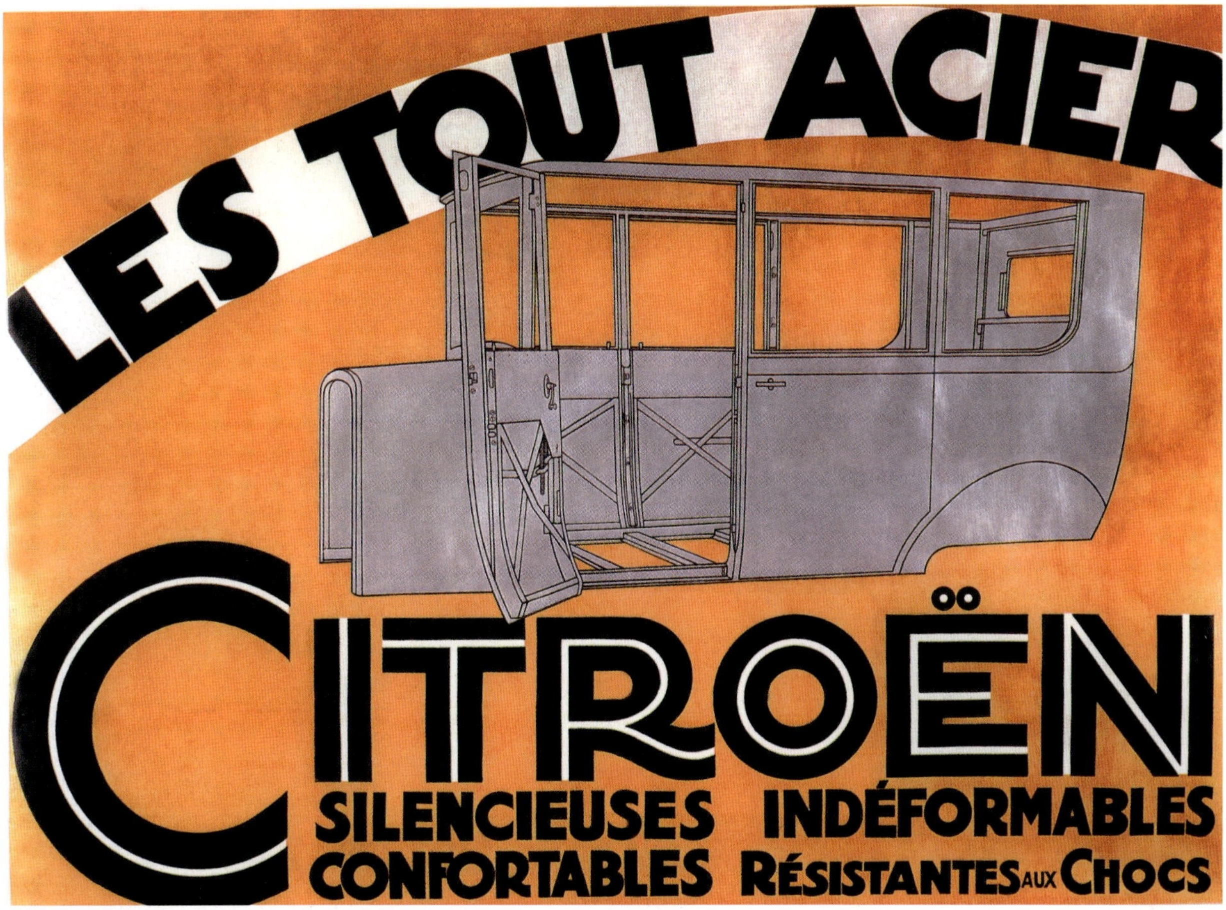

Obwohl die Ganzstahlkarosserie von Edward Gowen Budd erfunden wurde, ist es André Citroën, der sie mit dem B10 von 1924 in Europa populär macht.

ke mit dem Doppelwinkel Kundenkredite, während sie für Reparaturen erstmals Richtzeiten und Festpreise einführt.

André Citroën verfügt über einen sicheren Instinkt für zukunftsweisende Ideen. Weltweit erwirbt er Lizenzen, die er so erfolgreich in der Großserienproduktion umsetzt, dass er zuweilen als der Erfinder gilt, z.B. bei der Einführung der Ganzstahlkarosserie im Jahr 1924 und der schwimmenden Motorlagerung 1932. Nicht zu vergessen natürlich der Frontantrieb, der ab 1934 einer ganzen Modellreihe ihren Namen geben wird – Traction Avant.

Mehr als einmal schreibt Citroën zudem nicht nur Automobil-, sondern auch Werbegeschichte. Legendär ist vor allem die gigantische Lichtreklame am Eiffelturm, die 1927 sogar Atlantikflieger Charles Lindbergh als Orientierung dient. Mit Gebäuden wie dem Marbeuf, das in Form einer gigantischen Vitrine aus Stahl und Glas auf mehreren Etagen 300 Neuwagen präsentiert, erschafft Citroën sogar Klassiker moderner Architektur, die der Marke ein Denkmal setzen. André Citroën unterhält darüber hinaus firmeneigene Buslinien und Taxiflotten. Und weil es so schön spektakulär ist, bietet die „Compagnie Transafricaine Citroën" schließlich auch noch Reisen von Paris nach Timbuktu an. Anfang 1934 gerät das Unternehmen jedoch in finanzielle Schwierigkeiten. Hinzu kommt, dass mit einer gewissen Verzögerung nun auch in Frankreich die Folgen der Weltwirtschaftskrise spürbar sind.

Nach einer Phase der inoffiziellen Beteiligung übernimmt der Hauptgläubiger Michelin im Januar 1935 das im Monat zuvor liquidierte Unternehmen – und wird auf diese Weise doch noch zum Automobilhersteller. Neuer geschäftsführender Direktor wird Pierre Michelin, einer der Söhne Edouards. Auf Wunsch der Michelin-Familie bleibt der schwerkranke André Citroën jedoch bis zu seinem Tod am 3. Juli 1935 Vorsitzender des Verwaltungs-

Die Einführung der Fließfertigung nach dem Vorbild Henry Fords, macht Citroën innerhalb weniger Jahre zum zweitgrößten Automobilproduzenten der Welt.

Für ein ganzes Jahrzehnt verwandelt André Citroën ab 1925 das nationale Symbol in einen weit leuchtenden Werbeträger der Marke Citroën.

rates. Edouard stellt seinem gerade einmal 31-jährigen Sohn zudem einen erfahrenen Mitarbeiter zur Seite, der sein volles Vertrauen genießt: Pierre-Jules Boulanger.

Es folgt eine schmerzliche Phase der Restrukturierung, die nicht ohne drastische Lohnkürzungen und Entlassungen vonstatten geht. Michelin verkauft darüber hinaus fast alle Unternehmenszweige, die nicht direkt mit der Autoproduktion in Verbindung stehen. Gleichzeitig wird auch die Werbung auf ein Minimum reduziert. Pierre Michelin gelingt es derweil, aus dem mit zahlreichen „Kinderkrankheiten" belasteten Traction ein zuverlässiges Auto zu machen, das sich für mehr als zwei Jahrzehnte erfolgreich auf dem Markt positionieren wird.

Das 1929 erbaute Marbeuf-Gebäude: eine gigantische Verkaufsvitrine aus Stahl, Beton und Glas, die Platz für 300 Neuwagen bot.

Ein serienreifes Auto, das nie gebaut wird (1935 – 1939)

Im Herbst 1935 beauftragt Pierre Michelin den jungen Ingenieur Jacques Duclos damit, eine neue große Marktforschungskampagne zu organisieren. In den nächsten Monaten durchqueren Duclos und seine „Meinungsforscher auf Rädern" das Land bis tief in die Provinz hinein. Die Auswertung belegt unter anderem, dass selbst das Basismodell der Traction-Reihe immer noch zu teuer ist, um ein wirkliches Massenprodukt zu sein.

Ein Auto für die Massen wäre jedoch genau das, was Citroën in großem Stil neue Käuferschichten erschließen würde. Ein solches „Toute Petite Voiture" (ganz kleines Auto) dürfte allerdings nur ein Drittel des Traction-Preises kosten. Als Zielgruppe für das „TPV" kommt vor allem die Landbevölkerung in Frage. Die Arbeiten am neuen Projekt beginnen umgehend.

Pierre Boulanger, dem alle an der Neuentwicklung von Fahrzeugen beteiligten Abteilungen unterstehen, überträgt die Leitung des Projektes „TPV" dem Chefingenieur des Bereiches Entwicklung, André Lefèbvre. Diesem zur Seite stehen Jean Muratet als Verantwortlicher für die Karosserie, Maurice Sainturat für die Motorentwicklung und Alphonse Forceau, der für die Federung zuständig ist. Hinzu kommt Marcel Chinon, der ebenfalls am Fahrwerk arbeitet und zudem die Koordinierung der Versuche übernimmt. Es handelt sich dabei im Wesentlichen um dieselben Ingenieure und Techniker, die federführend auch den Traction Avant entwickelt haben.

Es ist Pierre Boulanger, der die Vorgaben des vielleicht meistzitierten Lastenhefts der Automobilgeschichte formuliert: „Entwickeln Sie ein Auto, das vier Personen und 50 Kilo Kartoffeln (oder ein Fass) mit einer Geschwindigkeit von 60 km/h transportieren kann – bei einem Verbrauch von 3 Litern auf 100 Kilometer, niedrigen Unterhaltskosten und einem Verkaufspreis von einem Drittel des Traction-Preises."

Anfang 1936 existiert bereits ein erster Prototyp, der auf der Rennstrecke von Montlhéry getestet wird. Kurioserweise sind es vor allem die von den französischen Unternehmen nur zähneknirschend akzeptierten politischen Entscheidungen der „Front Populaire", die die Marktchancen eines „Volkswa-

gens“ nachhaltig verbessern. Die neue Regierung unter Léon Blum beschert den französischen Arbeitnehmern ab Sommer 1936 nämlich nicht nur die Einführung der Vierzigstundenwoche, sondern auch einen gesetzlichen Urlaubsanspruch und drastische Lohnerhöhungen.

Von diesem neu entstehenden Absatzmarkt für preiswerte Autos profitiert mangels Konkurrenz allerdings vor allem der im Juni 1936 präsentierte FIAT 500 „Topolino“, der in Frankreich in Lizenz als Simca 5 gebaut wird. Am 29. Dezember 1937 stirbt Pierre Michelin bei einem Autounfall. Neuer Generaldirektor wird sein bisheriger Vize Boulanger, der das Projekt „TPV“ mit großer Leidenschaft vorantreibt – es wird sein Lebenswerk werden. Für ihn soll das „TPV“ eines Tages die damals bei den Bauern noch üblichen einachsigen Pferde- und Maultierkarren ablösen. An den Bedürfnissen der Landbevölkerung orientiert sich auch die häufig kolportierte Vorgabe, dass es die Federung des künftigen „TPV“ ermöglichen solle, „einen Korb mit Eiern über ein Feld zu transportieren, ohne auch nur eines zu beschädigen“.

Die äußerst knappe Preiskalkulation sowie die niedrige Verbrauchsvorgabe stellen die Entwicklungsingenieure und Techniker vor die schwierige Aufgabe, sowohl Ausstattung als auch Gewicht auf ein absolutes Minimum zu reduzieren. Hierbei erweist es sich als großer Vorteil, dass Lefèbvre in den zwanziger Jahren für den Flugzeugbauer Gabriel Voisin gearbeitet hat. Zur Gewichtsersparnis entscheidet man sich sowohl beim Chassis als auch bei der Karosserie für die Verwendung der Leichtmetall-Legierung Duralinox. Konventionelles Stahlblech findet lediglich bei den Kotflügeln Verwendung.

Die Entscheidung zugunsten des teuren Leichtmetalls erfolgt als Konsequenz daraus, dass sich kostengünstigere Varianten wie eine Karosserie aus gewachstem Segeltuch, oder auch aus Papier bei

Im Vergleich zur Armaturentafel des 2CV von 1939 wirkt die eines 2CV der letzten Generation fast wie das Cockpit eines Düsenjets.

Offiziell gab es bis 1995 nur ein einziges überlebendes Vorserienmodell des 2CV, Modell 1940. Dieses wurde angeblich Ende der sechziger Jahre durch Zufall von Citroën-Kommunikationschef Jacques Wolgensinger auf dem Testgelände in LaFerté-Vidame entdeckt, wo es vergessen in einer Scheune schlummerte.

näherer Betrachtung als nicht praktikabel erwiesen haben. Andere verworfene Ideen aus der Frühzeit des Projektes sind ein Chassis aus Schichtholz oder auch eines, dessen innerer Hohlraum als Tank dient.

Interessanterweise werden die mit der Entwicklung betrauten Ingenieure und Techniker von ihrem Chef sogar ausdrücklich dazu ermuntert, auch ungewöhnliche Ideen zu verfolgen. Boulanger konsultiert sogar den Schweizer Astronomen und Chemiker Frédéric Lecoultre, um eine Alternative zur der in der Fertigung kostspieligen elektrischen Beleuchtung zu finden. Ungeachtet aller Bemühungen wird Lecoultre jedoch bei dem Versuch, eine Beleuchtung mittels Glühwürmchen-Leuchtstoff zu entwickeln, scheitern. Im Gegensatz zu solchen Kuriosa wirkt der Gedanke, die vorderen Kotflügel mit fluoreszierender Farbe zu streichen, fast schon konventionell ...

Ende 1937 erwirbt Citroën ein circa 850 ha großes Areal. Das neue Testgelände im 120 km westlich von Paris gelegenen La Ferté-Vidame ist dank eines dichten Gürtels aus Bäumen und einer hohen Mauer perfekt vor der Öffentlichkeit abgeschirmt. Nachdem bis 1939 insgesamt 49 Prototypen erprobt wurden, plant Pierre Boulanger bereits für Mai des Jahres den Bau einer Vorserie von 25 Exemplaren. Die verspätete Lieferung von benötigten Werkzeugmaschinen sorgt jedoch dafür, dass sich die Fertigung der ersten TPV bis zum August

Titelseite eines 10-seitigen Prospekt von Citroën, der 1968 in zwei Sprachen die sensationelle „Wiederentdeckung" eines 2CV von 1939 feiert. Jacques Wolgensinger beginnt zu dieser Zeit eine Art offiziellen Entstehungsmythos der Ente zu erschaffen.

verzögert. Eines dieser Fahrzeuge wird dem „Service des Mines" präsentiert, der dem „2CV A", wie er nun offiziell heißt, am 28. August 1939 mit dem Vermerk „akzeptabel" eine allgemeine Betriebserlaubnis erteilt.

Das wassergekühlte 375-ccm-Triebwerk, das gerade einmal 9 PS leistet, muss mittels einer fest montierten Kurbel gestartet werden, da ein elektrischer Anlasser den Einbau einer teuren Batterie nach sich gezogen hätte. Auch ansonsten geht es recht spartanisch zu: So besteht das Armaturenbrett lediglich aus einem Ampèremeter und anstelle eines Dachs besitzt das graugrüne Gefährt ein Verdeck aus Zeltplane, das bis zum Heckblech hinunter reicht. Aus Zeltplane bestehen auch die an Feldbetten erinnernden Sitzbänke. Die Sparsamkeit geht so weit, dass Citroën auf äußere Türgriffe verzichtet. Einsteigen kann man folglich nur, wenn man durch die Klappscheiben greift und die Türen von innen entriegelt; die hinteren Türen lassen sich von außen gar nicht öffnen. Zuweilen nutzt Citroën beim „Sparen durch Weglassen" sehr geschickt auch Lücken in der damaligen französischen Zulassungsordnung aus. So schreibt diese beispielsweise nicht explizit die Existenz zweier Frontscheinwerfer vor, was zur Folge hat, dass die Straße beim 2CV-Modell 1940 eben auch nur fahrerseitig ausgeleuchtet wird. Einen Fahrrichtungsanzeiger sucht man bei diesem Modell gleichfalls vergeblich. Beim Abbiegen müssen die entsprechenden

Wie es der Zufall will, tauchen 1995 plötzlich drei weitere 2CV auf einem Speicher in LaFerté vergessene 2CV von 1939 auf …

Ende der neunziger Jahre befreit Citroën die drei auf einem Speicher in LaFerté-Vidame aufgefundenen Ur-2CV aus ihrem jahrelangen Versteck. Anders als beim 2CV Modell 1940, der 1968 der Öffentlichkeit präsentiert wurde, entscheidet sich Citroën diesmal dazu, die drei Autos im Originalzustand zu belassen.

Zeitgeschichte 1935-1940

1935

- Volksabstimmung im Saargebiet: 90,8% der Saarländer votieren am 13. Januar für die Rückgliederung in das Deutsche Reich.
- Eröffnung des ersten Teilstücks der Reichsautobahn (19. Mai)
- Verabschiedung der so genannten „Nürnberger Rassengesetze" am 15. September, die die rassistische Ideologie des Nationalsozialismus umsetzen.
- Einführung der allgemeinen Wehrpflicht am 16. März in Deutschland.
- Einführung einer Reichsarbeitsdienstpflicht im Juni
- Ausstrahlung des ersten regulären Fernsehprogramms der Welt vom Berliner Funkturm (22. März).
- April: Erste Fernsehsendungen in Frankreich.
- Die „Comedian Harmonists" werden im Februar von der NS-Regierung verboten.
- Jungfernflug des deutschen Jagdflugzeugs Messerschmidt ME 109 am 28. Mai
- In den USA kommt das erste Dosenbier auf den Markt.

Frankreich:

- ***Léon Blum wird im Juni Ministerpräsident der „Volksfront"-Regierung aus Sozialisten, Kommunisten, Radikalsozialisten in Frankreich.***
- ***Die „Volksfront-Regierung" beschließt ein umfassendes Paket von Sozialreformen.***
- ***Linkes Gewerkschaftsbündnis aus CGT und CGTU***
- ***In Frankreich leben 41,5 Millionen Einwohner.***
- ***Die faschistischen „Ligen" werden im Juni aufgelöst.***
- ***Renault präsentiert den neuen Primaquatre.***
- ***Peugeot präsentiert den Peugeot 302.***

1936

- 1 Liter Normalbenzin kostet 0,39 Reichs-Mark.
- Der erste Diesel-PKW, der Mercedes 260 D wird in Berlin vorgestellt .
- Bei der Reichstagswahl erhält die NSDAP als einzige zugelassene Partei 99% der Stimmen.
- Max Schmeling besiegt in New York Joe Louis.
- In Berlin werden die Olympischen Spiele eröffnet.
- Das erste nach 1918 gebaute Schlachtschiff, die Scharnhorst, läuft in Wilhelmshaven vom Stapel.
- Agfa stellt den ersten Kleinbild-Farbfilm vor.
- Im November greift die deutsche „Legion Condor" in den spanischen Bürgerkrieg ein.

Frankreich:

- ***Die französische Wirtschaft gerät zunehmend in eine Krise, die im Juni zu einer Abwertung des Francs führen wird.***
- ***Angesichts der Krise proklamiert Léon Blum bereits im Februar eine „Pause der Reformen".***
- ***In Paris wird am 24. Mai die Weltausstellung eröffnet (bis 25. Nov.).***
- ***Léon Blum tritt am 21. Juni zurück. Neuer Regierungschef wird Camille Chautemps.***

1937

- Die Reichsautobahn Berlin - Hannover wird fertiggestellt. Damit gibt es im deutschen Reich bereits 1300 Autobahnkilometer.
- Um den Eisenbedarf der Rüstungsindustrie sicherzustellen, wird die zivile Verarbeitung von Edelstahl verboten.
- Adolf Hitler setzt sich per Dekret zum Oberbefehlshaber der Deutschen Wehrmacht ein.
- Die Golden Gate Bridge in San Francisco wird eingeweiht.
- Bei der Landung in Lakehurst explodiert der Zeppelin „Hindenburg". 33 Menschenleben fordert diese Katastrophe, die zugleich das Ende der Luftschifffahrt bedeutet.
- Das Konzentrationslager Buchenwald wird errichtet.

1938

- Im März annektiert das Deutsche Reich Österreich, der so genannte „Anschluss" geht einher mit einem Einmarsch deutscher Truppen.
- Auf der Reichsautobahn Frankfurt - Darmstadt kommt der Rennfahrer Bernd Rosemeyer bei einer neuen Geschwindigkeitsrekordfahrt in einem Fahrzeug der Auto Union ums Leben.
- Der Grundstein für die Stadt Wolfsburg und damit für das Volkswagenwerk wird gelegt.
- In vielen Städten werden am 9. November Synagogen in Brand gesteckt und jüdische Einrichtungen und Wohnungen verwüstet. Polizei und Feuerwehr greifen nicht ein.
- Den deutschen Chemikern Otto Hahn und Fritz Straßmann gelingt der Nachweis der Kernspaltung.
- In England bricht die Queen Mary am 27. Mai zu ihrer Jungfernfahrt auf.

Frankreich:

- ***Für kurze Zeit wird Léon Blum im März erneut zum Ministerpräsidenten gewählt.***
- ***Gründung der nationalen französischen Eisenbahngesellschaft SNCF***
- ***Die kommunistische Gewerkschaft CGT organisiert einen Generalstreik gegen die Aufweichung der Sozialreformen.***
- ***Der Radikalsozialist Edouard Daladier bildet im April eine „Regierung der nationalen Einheit".***
- ***Die Nationalversammlung ratifiziert im Oktober den Vertragstext des so genannten „Münchner Abkommens" vom September desselben Jahres, das die Eingliederung des Sudetenlands in das Deutsche Reich vorsieht. Das Abkommen ist Ausdruck der so genannten „Appeasement"-Politik der westeuropäischen Staaten, die versucht Hitler durch Zugeständnisse zu beschwichtigen.***
- ***Die Nationalversammlung verabschiedet am 12. November das Gesetz über „unerwünschte Ausländer".***

1939

- Das Deutsche Reich besitzt 69,3 Millionen Einwohner. 15 Millionen davon sind „angeschlossene" Österreicher.
- In Berlin wird die neue Reichskanzlei eingeweiht und Adolf Hitler ordnet den verstärkten Ausbau der Kriegsmarine an.
- Rudolf Caracciola stellt auf einer Strecke zwischen Dessau und Bitterfeld mit 398,234 km/h einen neuen Rekord für Fahrzeuge mit 3 Litern Hubraum auf.
- Die Mitgliedschaft in der Hitlerjugend wird für Jungen und Mädchen zwischen 10 und 18 Jahren zur Pflicht.
- Mit 755,138 km/h stellt Fritz Wendel einen neuen Geschwindigkeitsweltrekord in einer Messerschmitt ME 209 auf.
- In New York wird das Empire State Building eröffnet.
- Mit dem Beschuss der Westerplatte bei Danzig und dem Einmarsch der deutschen Truppen in Polen beginnt der Zweite Weltkrieg.

Frankreich:

- ***In Lozère wird am 21. Januar das erste Internierungslager für „unerwünschte Ausländer" geöffnet.***
- ***Am 5. April wird Albert Lebrun als Präsident wiedergewählt.***
- ***Die Hinrichtung des Serienmörders Eugen Weidmann am 17. Juni ist die letzte, die öffentlich vollzogen wird.***
- ***Frankreich und Großbritannien (zusammen mit Australien und Neuseeland) erklären am 3. September Deutschland den Krieg.***
- ***Am 11. Oktober landen 138.000 britische Soldaten in Frankreich.***

1940

- Im April besetzen deutsche Truppen Dänemark und Norwegen.
- Beginn des so genannten „Blitzkrieges" im Westen: Deutsche Truppen besetzen im Mai die Niederlande, Belgien und im Juni den Norden Frankreichs einschließlich der Hauptstadt Paris.
- Im Sommer 1940 beginnt die „Luftschlacht um England".
- „Blut, Schweiß und Tränen"-Rede des neuen Kriegspremiers Winston Churchill am 13. Mai vor dem britischen Unterhaus
- Einrichtung von jüdischen Ghettos in Lodz und Warschau
- Einrichtung des Konzentrationslagers Auschwitz

Frankreich:

- ***General Charles de Gaulle ruft von London über die BBC am 18. Juni zum weiteren Widerstand auf. Er bildet ein provisorisches Nationalkomitee (Exilregierung).***
- ***Die Nationalversammlung ermächtigt Marschall Philippe Pétain (den „Helden von Verdun") nach dem Waffenstillstand von Compiègne vom 22. Juni zur Bildung des „Etat Français" mit neuer Verfassung, der die Dritte Republik ablöst.***
- ***Der neue Staatschef Philippe Pétain formt ein autoritäres national-konservatives Regime mit ausgeprägt antisemitischer Tendenz, das nach dem am 1. Juli bezogenen Regierungssitz im unbesetzten Teil Frankreichs gemeinhin „Vichy"-Regime genannt wird.***
- ***Die Prinzipien „Arbeit, Familie, Vaterland" ersetzen die Prinzipien der Republik „Freiheit, Gleichheit, Brüderlichkeit"***
- ***Mit dem so genannten „Judenstatut" vom Oktober soll eine „Säuberung" der Verwaltung sowie der staatlich kontrollierten Berufe in den Bereichen Justiz, Medizin, Bildung und Kultur erreicht werden.***
- ***Parallel zum Judenstatut wird ein Internierungsgesetz erlassen, so dass ausländische Juden ohne Rechtsschutz in Lager eingewiesen werden können***
- ***Am 30. Oktober erklärt Pétain in einer Rundfunkansprache, dass er mit den Deutschen kollaborieren werde.***

Signale per Handzeichen gegeben werden – ein weiterer Grund für die Existenz der Klappscheiben in den Vordertüren. Die bis zum Exzess getriebene Reduzierung auf das Notwendigste kontrastiert allerdings mit der bereits erwähnten üppigen Verwendung von Leichtmetallen, die damals außer im Flugzeugbau bestenfalls bei Rennwagen üblich ist. Auch technisch hat das kuriose Gefährt mehr zu bieten als es der erste Eindruck vermuten lässt: So sind beispielsweise alle vier Räder einzeln aufgehängt. Die angetriebenen Vorderräder verzögern zudem mit hydraulischen Bremsen, was damals im Automobilbau längst keine Selbstverständlichkeit darstellt. Hinten kommen allerdings die üblichen Seilzugbremsen zum Einsatz. Wie auch der Traction Avant verfügt der Ur-2CV zudem über eine Torsionsstabfederung. Auch wenn das neue Modell kaum dem entspricht, was man sich damals gemeinhin unter einem Automobil vorstellt, steht einer Serienfertigung des 2CV Ende August 1939 eigentlich nichts mehr im Wege. Bis zur Publikumspremiere des Autos, die im Oktober auf dem Pariser Salon stattfinden soll, plant Boulanger eine Vorserie von insgesamt 250 Autos.

Am 1. September 1939 macht jedoch der deutsche Überfall auf Polen alle Planungen zunichte. Aufgrund des Kriegsbeginns wird der Salon 1939 abgesagt. Bereits im Mai 1940 muss Frankreich kapitulieren, und es beginnen vier lange Jahre unter deutscher Besatzung. Wie viele 2CV des Modelljahres 1940 überhaupt fertiggestellt werden, lässt sich leider nicht präzise sagen. Manche Quellen sprechen von gerade einmal 25 Exemplaren, die zunächst in den Kellern des Werkes am Quai de Javel und später in La Ferté-Vidame versteckt werden. Erst 1948 werden die letzten Vorserienmodelle auf Geheiß von Pierre Boulanger verschrottet werden, wobei immerhin vier Exemplare, die auf einem Speicher in La Ferté-Vidame eingelagert wurden, überleben.

Vom 2CV-Typ A 1939 zum 2CV-Typ A 1948

Obwohl die deutsche Besatzungsmacht jegliche Entwicklung von Zivilfahrzeugen verbietet, werden die Arbeiten am 2CV spätestens ab 1941 wieder aufgenommen. Kostengünstigeres dünnes Stahlblech ersetzt die teuren und nicht verfügbaren Leichtmetalle. Bereits 1942 entsteht der so genannte „Zyklop"-Prototyp, der diesmal mit einem mittig in der Motorhaube integrierten Scheinwerfer auskommen muss.

Wahrscheinlich verfügt der „Zyklop" zudem erstmals über die von Léon Renault nach Patenten des Flugzeugingenieurs Pierre Mercier entwickelte Ausgleichsfederung mit liegenden Schraubenfedern und Trägheitsdämpfern, die das bisherige System mit Federstäben ersetzt. Innerhalb weniger Tage entwickeln Beccia und Girard im April 1944 ein völlig neues, nun luftgekühltes 375-ccm-Triebwerk, das gleichfalls 9 PS leistet. Pate bei der Entwicklung steht das BMW-Motorrad Flaminio Bertonis. Passend zum Motor entwerfen die beiden Ingenieure auch ein völlig neues Vierganggetriebe, das sie ihrem Chef, der drei Gänge für ausreichend hält, schlitzohrig als Dreiganggetriebe mit „zusätzlichem Schnellgang" (Surmultipliée) präsentieren.

Ein weitere Zeichnung des „Cyclope" (deutsch: Zyklop), die beweist, dass es Bertoni gelingt, aus dem „Ungetüm" von 1939 ein Auto mit durchaus ausgewogenen und harmonischen Karosserielinien zu machen.

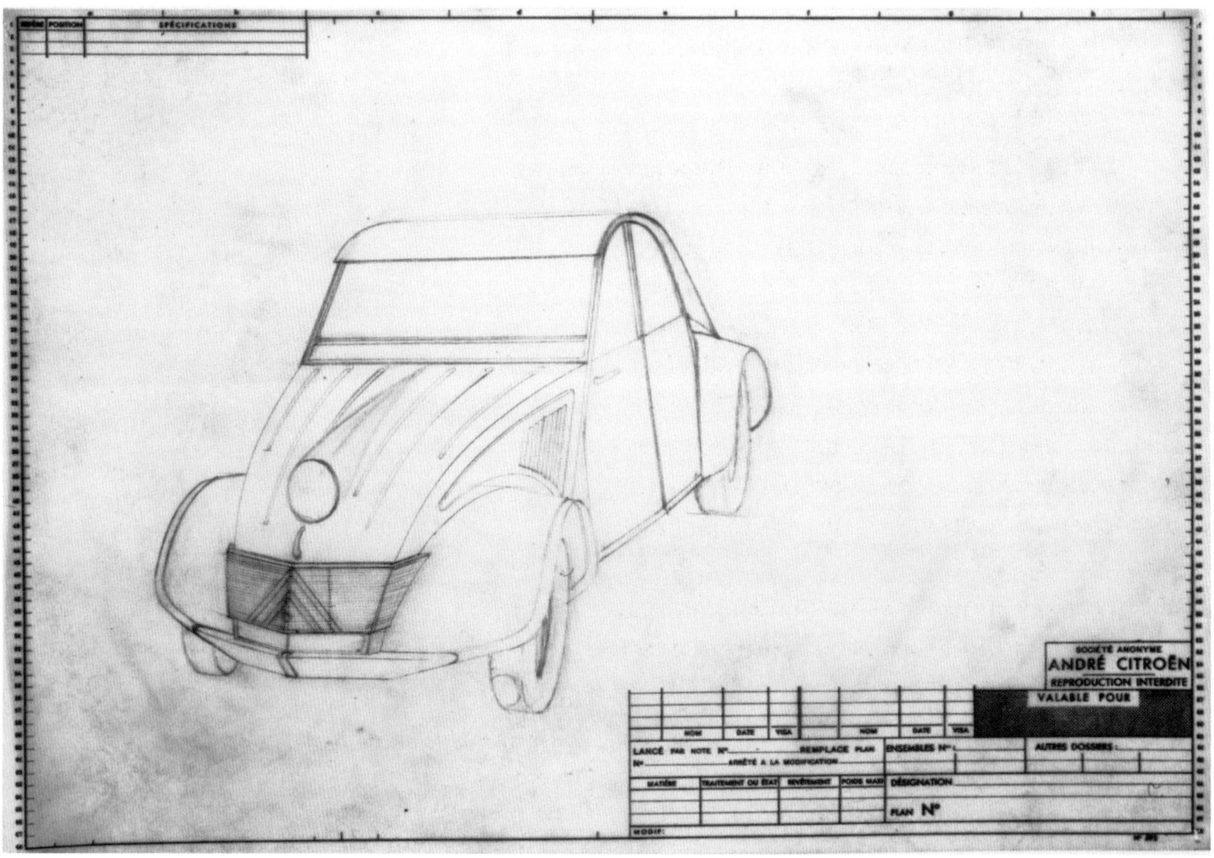

Ab Anfang der vierziger Jahre, darf Citroën-Designer Flaminio endlich am 2CV mitarbeiten. Hier ein Entwurf für den „Zyklop" von 1942.

Flaminio Bertoni auf dem Fahrersitz eines Innenraummodells des späteren 2CV. Aufgenommen wird das Bild noch während des Krieges im Entwicklungsbüro.

Auch nach der Befreiung von Paris im August 1944 laufen die Arbeiten am 2CV unvermindert weiter. Als im Oktober 1946 der erste Pariser Automobilsalon nach dem Krieg eröffnet wird, werden dennoch alle Hoffnungen auf die Präsentation eines neuen Citroën-Modells enttäuscht. Stattdessen stellt allerdings Renault mit dem 4CV ein Kleinwagenmodell vor, das Fachpresse und Öffentlichkeit gleichermaßen begeistert. Ärgerlicher noch ist für Citroën jedoch, dass Renault als Staatsunternehmen mit modernsten importierten Produktionsanlagen aufwarten kann und sowohl bei der Vergabe von Krediten als auch von Materialien bevorzugt behandelt wird.

Im Oktober 1947 präsentiert Citroën auf dem Salon ein neues Lieferwagen-Modell, den Typ H. Am PKW-Stand treffen die Besucher allerdings auch in diesem Jahr nur auf einheitlich schwarz lackierte Traction. Im Sommer 1948 dient der abschließende Prototyp mit der Code-Bezeichnung A8 als Fotoauto für den ersten Prospekt, der auf dem Salon verteilt werden soll – ein sicheres Indiz dafür, dass das offizielle Debüt des 2CV unmittelbar bevorsteht.

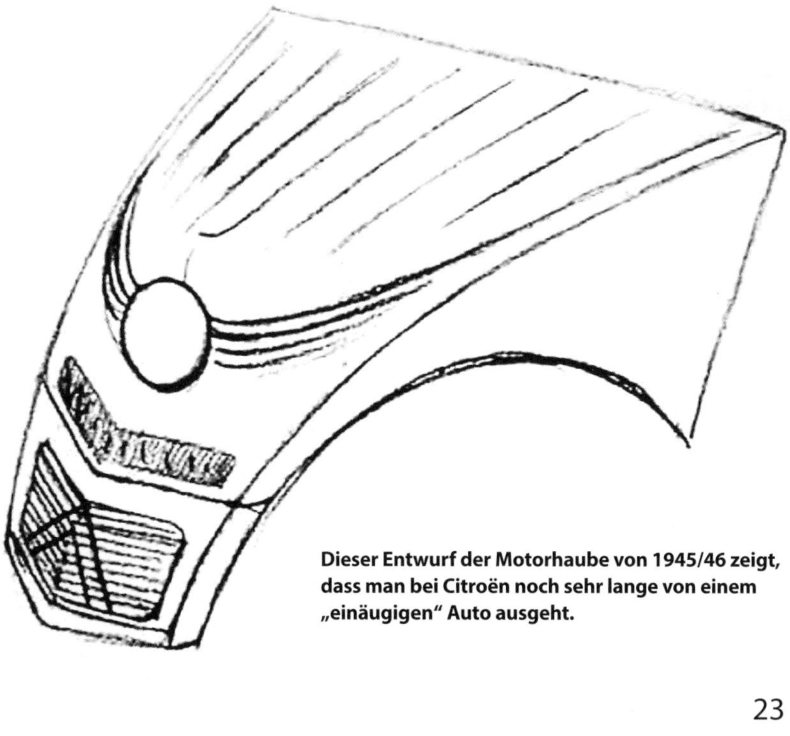

Dieser Entwurf der Motorhaube von 1945/46 zeigt, dass man bei Citroën noch sehr lange von einem „einäugigen" Auto ausgeht.

Flaminio Bertoni 1936 in seinem Atelier mit einer Vielzahl von Tonmodellen, die seine Arbeiten an den Projekten PV (Traction Avant) und AX (aufgegebenes Kleinwagenprojekt) dokumentieren.

Ein lang erwartetes Debüt: Der Pariser Salon 1948

Generaldirektor Pierre Boulanger stellt dem französischen Staatspräsidenten Vincent Auriol (links) auf dem Salon 1948 das langerwartete neue Citroën-Modell vor.

Wenige Wochen vor der Eröffnung des Salons präsentiert Pierre Boulanger das neue Modell einer handverlesenen Auswahl von Vertriebsleitern. Die Mehrheit der Anwesenden ist beim Anblick des 2CV allerdings eher peinlich berührt.

In den frühen Morgenstunden des 7. Oktobers werden in der Rue du Théatre, dem Sitz der Citroën-Entwicklungsabteilung, drei Vorserienmodelle des 2CV auf Lastwagen verladen und zum Grand Palais transportiert. Dort werden sie sofort mit Planen abgedeckt, um sie vor neugierigen Blicken zu schützen. Wenige Stunden später kommt der Augenblick, auf den so viele Menschen seit Jahren gewartet haben: Um 9:30 trifft Staatspräsident Vincent Auriol mit Gefolge ein, und der 35. Pariser Automobilsalon öffnet seine Pforten. Der traditionelle Rundgang des Staatsoberhauptes über die Automobilmesse beginnt am Stand von Citroën. Dort empfängt ihn Pierre Boulanger, der nach einer kurzen Ansprache den ersten der insgesamt drei ausgestellten 2CV feierlich enthüllt.

Während Auriol als Staatsmann die Contenance wahrt, verschlägt es vielen der Anwesenden förmlich die Sprache. Was sie sehen, entspricht kaum noch der Mischung aus fortschrittlicher Technik und elegantem Äußerem, die bis zum diesem Zeitpunkt sämtliche Citroën-Modelle ausgezeichnet hat. Freistehende Scheinwerfer, ein mechanischer Scheibenwischer, der per Tachowelle angetrieben wird, und eine insgesamt eher rustikale Anmutung lassen den 2CV – vor allem im Vergleich zum Renault 4CV – fast wie ein Auto aus den Zwanzigern erscheinen. Dennoch werden die drei ausgestellten 2CV an allen zehn Messetagen von unzähligen Besuchern umlagert werden. In der Menge befinden sich auch Citroën-Mitarbeiter, die „under cover" unterwegs sind, um ihrem Chef über die Reaktionen der Besucher Bericht zu erstatten. Und vieles fällt wenig positiv aus.

Der allererste 2CV-Prospekt vom Salon 1948. In letzer Minute stempelt Citroën noch schnell den Hinweis „Demarrage eléctrique" (elektrischer Anlasser) auf

Robert Braunschweig, der Chefredakteur der Schweizer *Automobil Revue,* wird die „verhaltenen" Reaktionen auf den 2CV kurz darauf wie folgt beschreiben: „Ein Schrei der Entrüstung erklang in der ganzen Pariser Presse, und die ersten Besucher lachten laut heraus, als sie die kleinen, aluminiumgrau gespritzten Ausbünde der Hässlichkeit erblickten, die als „Citroën 2CV" angeschrieben waren. Man fühlte sich von Citroën an der Nase herumgeführt, und in der Tat scheint man sich am Quai de Javel um die öffentliche Meinung sowohl in der Presse wie auch beim Mann auf der Straße, für den ja das neue Modell bestimmt ist, wenig zu kümmern". (*Automobil-Revue*, 14. Oktober 1948)

Anders als 1939 gibt es für einen sensationell niedrigen Preis von 185.000 (alten) Francs 1948 aber wenigstens einen Tacho, äußere Türgriffe und einen elektrischen Anlasser – zumindest theoretisch, da den auf dem Salon verteilten Faltblättern in letzter Minute der Hinweis „démarrage électrique" aufgestempelt wurde. In der Realität ist der 2CV zu diesem Zeitpunkt aber noch mit einem mechanischen Zuganlasser à la Rasenmäher oder Außenbordmotor ausgerüstet, der vom Fahrersitz aus betätigt wird. Glaubt man dem nicht geänderten

Ein weiteres Foto des abschließenden Prototypen A8, aufgenommen in der Rue du Théatre, dem Sitz der Citroën-Entwicklungsabteilung.

Zeitgeschichte 1941-1944

1941

- Unter dem Decknamen „Unternehmen Barbarossa" erfolgt am 22. Juni der deutsche Überfall auf die Sowjetunion.
- Japanischer Angriff auf den U.S.-amerikanischen Flottenstützpunkt Pearl Harbour am 7. Dezember
- Eintritt der USA in den Krieg aufgrund es japanischen Überfalls
- Eine neue Polizeiverordnung verfügt, dass ab 1. September alle im Deutschen Reich lebenden Juden über 6 Jahre einen so genannten „Judenstern" zu tragen haben.
- Im Sommer 1941 schränkt die Vichy-Regierung die beruflichen und politischen Rechte von französischen Juden im unbesetzten Teil Frankreichs weiter ein.
- Am 4. November vereinigen sich zwei ältere Bewegungen der Résistance zur Bewegung „Combat" (Kampf).
- Im unbesetzten Teil Frankreichs formiert sich die Resistance-Gruppe „Libération".
- Ein britischer Polizist wird als erster Mensch mit Penicillin behandelt.

1942

- Die Schlacht um El Alamein kündigt im Oktober eine Wende des Krieges in Afrika zugunsten der Alliierten an.
- Im Juni formiert sich in München die Widerstandsgruppe „Weiße Rose".

Frankreich:

- ***Im Prozess von Riom klagt das Vichy-Regime Anfang des Jahres führende Politiker der Volksfront an, die für die Niederlage von 1940 verantwortlich gemacht werden.***
- ***Am 3. und 4. März bombardieren alliierte Verbände die Renault-Werke in Boulogne-Billancourt. Bei diesen Angriffen sterben 623 Menschen.***
- ***Am 23. Juli liefert die Vichy-Regierung internierte ausländische Juden an die Deutschen aus.***
- ***Im November besetzen deutsche Truppen die bisherige Freie Zone Frankreichs.***

1943

- Auf der Konferenz von Casablanca fordern die Alliierten im Januar die bedingungslose Kapitulation Deutschlands, Italiens und Japans.
- Am 2. Februar kapituliert die 6. Armee in Stalingrad. Dies wird allgemein als Beginn der deutschen Niederlage angesehen.
- Am 18. Februar redet Propaganda-Minister Joseph Goebbels im Berliner Sportpalast. Höhepunkt der Rede ist die Frage: „Wollt Ihr den totalen Krieg?"
- Am 22. Februar werden die Widerstandskämpfer der „Weißen Rose" hingerichtet.
- Am 19. April entdeckt der Schweizer Chemiker Albert Hofmann im Selbstversuch die halluzinogene Wirkung von LSD.

Frankreich:

- ***Die männlichen Jahrgänge 1920, 1921 und 1922 müssen zum Arbeitsdienst nach Deutschland.***
- ***Im März bombardieren alliierte Verbände Rennes und Rouen.***
- ***Am 4. April bombardiert die Royal Air Force erneut die Renault-Werke in Boulogne-Billancourt.***
- ***Am 27. Mai wird unter der Leitung des De Gaulle-Vertrauten Jean Moulin in Paris der Nationalrat der Résistance gegründet, der die verschiedenen Résistance-Gruppen vereinigt.***

1944

- Die Invasion der West-Alliierten in der Normandie leitet am 6. Juni (D-Day) die Befreiung Westeuropas ein.
- Am 12. Juni beginnt der Beschuss Londons mit V1-Raketen.
- Am 22. Juni beginnt die sowjetische Sommeroffensive, die auch an der Ostfront die deutschen Truppen zurückschlagen wird.
- Am 20. Juli scheitert ein von Graf Schenk von Stauffenberg ausgeführtes Attentat auf Hitler.
- Im August beginnt der Warschauer Aufstand, der von der Wehrmacht niedergeschlagen wird.
- Im Oktober wird Warschau von deutschen Truppen dem Erdboden gleichgemacht.

Frankreich:

- ***Marschall Pétain besucht am 26. April Paris, wo er enthusiastisch begrüßt wird.***
- ***In Algier erklärt sich das „Comité Francais de la Libération Nationale" am 2. Juni zur Provisorischen Regierung Frankreichs.***
- ***Am 14. Juni geht General Charles de Gaulle in der Normandie an Land.***
- ***Nach der Befreiung von Paris am 26. August wird De Gaulle als Nationalheld gefeiert.***
- ***Am 31. August nimmt die Provisorische Regierung unter De Gaulle ihre Arbeit auf.***
- ***Im November wird ein Hoher Gerichtshof geschaffen, der die Verantwortlichen des Vichy-Regimes zur Rechenschaft ziehen soll.***

Marcel Chinon, der für das Fahrwerk des 2CV verantwortlich zeichnet, am Steuer des abschließenden Prototypen, der im Sommer dazu dient, die Fotos für den ersten Prospekt zu erstellen.

Prospekttext, so bietet ein mechanischer Anlasser dem Kunden im Grunde nur Vorteile, da auf eine Batterie verzichtet werden kann, die „viel Geld kostet, schwer ist und nach Wartung verlangt". Offensichtlich erfordert diese Art des Anlassens ihrerseits aber viel Geschick, denn gerüchteweise scheitert Citroën-Chef Pierre Boulanger höchstpersönlich bei dem Versuch, einen 2CV auf diese Weise zu starten.

Da die Zeit fehlt, die für die Montage eines elektrischen Anlassers notwendigen Änderungen noch vor der Eröffnung des Salons vorzunehmen, lässt der stets vorsichtige Citroën-Chef bei allen drei ausgestellten 2CV die Verriegelung der Motorhaube entfernen, so dass diese nicht geöffnet werden kann. Allerdings wird bei keinem der Autos der gut sichtbar unterhalb des Schalthebels platzierte Griff des mechanischen Anlassers demontiert ...

Boulanger hat zumindest ein Ziel erreicht: Die Öffentlichkeit spricht über den 2CV, der von der französischen Presse als „Knaller des Salons" tituliert wird, obwohl ihm viele Journalisten durchaus skeptisch gegenüber stehen. So schreibt Jean Bonnet am 9. Oktober in „L'Equipe", dass der 2CV eigentlich „jetzt schon überholt" sei. Es ist Robert Braunschweig, dem das Verdienst zukommt, als einer der ersten erkannt zu haben, dass Citroën mit dem 2CV ein Auto präsentiert, das ungeachtet seines altmodischen Aussehens etwas revolutionär Neues darstellt: „Unserer Meinung nach hat Citroën mit seiner neuen Konstruktion etwas geleistet, was nur mit dem Wort Revolution gekennzeichnet werden kann. Während bisher fast jeder kleine Wagen, selbst in gewissem Maße der deutsche Volkswagen, in Größe, Fahrleistung, Aussehen und Bauart eine Verkleinerung und Vereinfachung des früheren „Luxuswagens" darstellte, bildet der Citroën 2CV eine völlig neue Fahrzeugkategorie. Er ist das Transportgefährt für jedermann, ein viersitziges Fahrrad, ein „fahrbarer Untersatz", oder wie immer man das Ding nennt". (*Automobil-Revue*, 14. Oktober 1948).

Wie treffend Braunschweig das Potenzial des 2CV einschätzt, werden die nächsten Jahre zeigen.

Ein weiteres Prospektfoto von 1948, das zeigt, was sich im Kofferaum des 2CV so alles transportieren lässt.

Obwohl der auf dem Pariser Salon 1948 ausgestellten 2CV auf ein reges Publikumsinteresse stoßen, ist längst nicht jeder Besucher von diesem Auto begeistert.
Es ist unter anderem Citroën-Kommunikationschef Jacques Wolgensinger zu verdanken, dass der 2CV zum Gegenstand der Legendenbildung wird. So wird auch aus dem zweifelhaften Debüt des 2CV auf dem Pariser Salon in einer Distanz von 20 Jahren „ein Ereignis von weltweiter Bedeutung".

Zeitgeschichte 1945-1948

1945

- Auf der Konferenz von Jalta legen Winston Churchill, Franklin D. Roosevelt und Josef Stalin die Grundzüge der Nachkriegsordnung für Europa fest.
- Mit der Gesamtkapitulation Deutschlands endet am 8. Mai der Krieg in Europa.
- Das Potsdamer Abkommen beschließt am 2. August die Entnazifierung und Entmilitarisierung Deutschlands.
- Am 6. August erfolgt der erste Abwurf einer Atombombe auf die japanische Stadt Hiroshima. Bereits zwei Tage später erfolgt ein zweiter Abwurf auf die Stadt Nagasaki.
- Angesichts der Atombombenabwürfe kapituliert am 2. September auch Japan. Dies bedeutet das Ende des Zweiten Weltkriegs.
- Mit den Aachener Nachrichten erscheint ab dem 24. Januar die erste deutsche Nachkriegszeitung.
- Im November beginnen in Nürnberg die Prozesse gegen die Hauptkriegsverbrecher des Dritten Reiches.

Frankreich:

- ***Am 16. Januar werden die Renault-Werke verstaatlicht.***
- ***Bei der Wahl zur Nationalversammlung werden die Kommunisten im Oktober mit Abstand zur stärksten Kraft.***

1946

- Am 17. Januar trifft sich der UN-Sicherheitsrat zu seiner ersten Sitzung.
- Am 1. Dezember wird das Kinderhilfswerk Unicef gegründet.
- Zum Jahresbeginn erhalten die Magirus-Werke die Erlaubnis zur Wiederaufnahme der LKW-Produktion.
- Die Erstausgabe der „Welt" erscheint am 2. April.
- Am 8. Mai öffnet die erste Leipziger Messe nach dem Krieg ihre Pforten.
- In der Sowjetischen Besatzungszone werden die SPD und die KPD im April zur SED zwangsvereinigt.
- Im Berliner Admiralspalast feiert am 15. Oktober der erste deutsche Nachkriegsspielfilm „Die Mörder sind unter uns" von Wolfgang Staudte Premiere. Die Hauptrolle spielt Hildegard Knef.

Frankreich:

- ***Die Bank von Frankreich wird am 1. Januar verstaatlicht.***
- ***20. Januar: De Gaulle tritt als Vorsitzender der provisorischen Regierung zurück. Sein Nachfolger wird Felix Gouin.***
- ***Nach der Verstaatlichung mehrerer Energieversorgungsunternehmen entsteht am 8. April das nationale Energieversorgungsunternehmen „Electricité de France".***
- ***Aufgrund des so genannten Marthe Richard-Gesetzes werden in Frankreich alle Bordelle geschlossen.***
- ***Am 24. Juni wird Georges Bidault zum Ministerpräsidenten der Verfassungsgebenden Versammlung gewählt.***
- ***In Cannes werden am 20. September die ersten Internationalen Filmfestspiele eröffnet.***
- ***Im Oktober stellt die Régie Nationale Renault auf dem Pariser Salon den ersten französischen Nachkriegs-PKW, den bereits während des Krieges entwickelten Renault 4CV vor.***
- ***Annahme der Verfassung der 4. Republik am 13. Oktober***
- ***Georges Bidoult tritt am 28. November zurück.***
- ***Léon Blum wird am 18. Dezember erster Regierungschef der 4. Republik.***
- ***Im Dezember beginnt in Vietnam mit dem Sturz der Regierung Ho Chi Minhs durch französische Truppen der Indochinakrieg.***

1947

- Mit der so genannten Truman-Doktrin beginnt im März die amerikanische Politik einer Eindämmung des Kommunismus.
- Am 1. Januar wird die Bizone als Zusammenschluss der Amerikanischen und Britischen Zone gegründet. Sie bildet einen einheitlichen Wirtschaftsraum.
- Wenige Tage später, am 4. Januar, erscheint in Hamburg die erste Ausgabe des Nachrichtenmagazins „Der Spiegel".
- Am 18. August wird in Hannover die erste Nachkriegs-Export-Messe eröffnet.

Frankreich:

- ***Am 16. Januar wird Vincent Auriol zum Französischen Staatspräsidenten gewählt.***
- ***Paul Ramadier löst am 22. Januar Léon Blum als Regierungschef ab.***
- ***An der Spitze eines sozialistisch-volksrepublikanischen Kabinetts tritt Robert Schuman am 24. November die Nachfolge von Ramadier an.***

1948

- Mit der Unterzeichnung des Marshall-Plans durch US-Präsident Harry S. Truman werden am 3. April 5,3 Milliarden Dollar für Europa freigegeben.
- Mit dem Zollabkommen zwischen Belgien, den Niederlanden und Luxemburg entsteht im Januar die Grundlage für einen gemeinsamen Wirtschaftsraum der Benelux-Länder.
- Mit der Unterzeichnung des Brüsseler Paktes, vereinbaren Großbritannien, Frankreich und die Benelux-Länder eine gemeinsame Wirtschafts- und Verteidigungsgemeinschaft.
- CBS stellt die erste Langspielplatte aus Vinyl vor.
- Währungsreform in den Westzonen Deutschlands: Am 21. Juni löst die Deutsche Mark die bisherige Reichsmark ab.
- Aus Angst vor einer Inflation aufgrund eines Zuflusses von Reichsmark aus dem Westen, wird nur zwei Tage später auch in der Sowjetischen Besatzungszone eine eigene Währung eingeführt, die gleichfalls unter Deutsche Mark firmiert.
- Als Reaktion auf die Einführung einer separaten Währung in den Westzonen riegelt die Sowjetische Besatzungsmacht ab dem 24. Juni alle Zufahrtswege nach West-Berlin ab. Die ist der Beginn der Berliner Blockade.
- Zur Unterstützung der Westberliner Bevölkerung errichten die Westallierten eine „Luftbrücke".
- In der „Trizone" wird Konrad Adenauer zum Vorsitzenden des Parlamentarischen Rats gewählt.
- Heinrich Nordhoff wird Generaldirektor des Volkswagenwerkes.
- Die ersten Ausgaben der Illustrierten „Quick" und „Stern", aber auch der „Welt am Sonntag" erscheinen.

Frankreich:

- ***Das erste Kabinett Robert Schumans tritt am 19. Juli zurück. Neuer Regierungschef wird André Marie, der nach nur sechs Wochen seinerseits wieder von Robert Schuman abgelöst wird.***
- ***Nach einer Amtszeit von zwei Tagen tritt Robert Schuman erneut zurück. Am 7. September bildet Henri Queuille ein neues Kabinett.***
- ***Im Saarland wird der „Saar-Franken" alleiniges gesetzliches Zahlungsmittel. Er löst die wenige Monate alte „Saar-Mark" ab und ist an den französischen Franc gekoppelt.***
- ***Die Inflation liegt bei 59%.***
- ***Der französische Franc wird massiv abgewertet.***
- ***Auf dem Pariser Salon debütiert neben dem Citroën 2CV der Peugeot 203.***

Kapitel 2

1949 – 1969: Von der Kleinserie zum Millionenseller

Ein Anlauf mit Mühen (1949 – 1950)

Acht Monate nach dem vieldiskutierten Publikumsdebüt auf dem Pariser Salon wird der neue 2CV-Typ A dem „Service des Mines" präsentiert. Mit der Erteilung der allgemeinen Betriebserlaubnis am 24. Juni 1949 ist nun endlich eine wesentliche Voraussetzung für die Serienproduktion erfüllt.

Abgesehen von Details entspricht die von den „Mines" homologierte Serienversion des 2CV den auf dem Salon präsentierten Vorserienmodellen. Zu den wenigen Unterschieden gehören der Wegfall der Positionsleuchten auf den vorderen Kotflügeln sowie die Montage eines Rückstrahlers auf der Fahrerseite – eine Konzession an die französische Zulassungsbehörde, da sich die hintere Signalanlage des 2CV auf ein einziges halbmondförmiges Rücklicht beschränkt, das gleichzeitig als Nummernschildbeleuchtung dient. Auf Stopplicht oder gar Blinker darf ein französisches Auto damals noch ganz legal verzichten. Sieht man vom elektrischen Anlasser ab, so bestehen bei der Technik keinerlei Unterschiede zur Vorserie. Ganz im Sinne von Pierre Boulanger ist der 2CV weit davon entfernt, ein Rennwagen zu sein. So beschleunigen ihn die bescheidenen 9 PS des luftgekühlten 375-ccm-Triebwerks selbst unter günstigsten Bedingungen gerade einmal auf 65 km/h. Interessanterweise behält Citroën auch die damals für ein „Billigauto" ungewöhnliche Metalliclackierung bei. Mit Ausnahme des schwarz lackierten Lenkrads sind übrigens alle Metallteile in „gris metallisé" (AC 109) gehalten. Im Sommer „tröpfeln" im Werk Levallois die ersten Serienmodelle des 2CV vom Band, wobei die Fertigungsmethoden und Stückzahlen kaum etwas mit denen einer industriellen Großserie gemein haben. Einen höheren Anteil an Handarbeit dürfte es selbst damals außer bei Kleinserienfabrikaten allenfalls bei Rolls Royce gegeben haben.

Die manufakturelle Art der Produktion äußert sich übrigens auch in der Beschaffenheit der Karosserieteile. So bestehen bei sehr frühen 2CV beispielsweise die Innenseiten der Türen nicht aus einem gepressten Rahmen, auf den die Türhaut aufgepunktet wird, sondern aus einzelnen, per Hand verschweißten Profilen. Die wenig professionell wirkende Konstruktion, die eher an einen Metallbaukasten erinnert, hat diesen Türen in Frankreich übrigens die Bezeichnung „Meccano"-Türen eingebracht.

Anders als bei 2CV-Modellen nach Juni 1953 erfolgt die Verriegelung der vorderen Klappscheiben zudem mittels eines „Pins", der im Fensterrahmen

Das 375ccm-Triebwerk des Typ A von 1949. Die doch eher bescheidenen 9 PS reichen immerhin für eine Höchstgeschwindigkeit von 65 km/h.

sitzt. Aus mehreren Einzelteilen bestehen darüber hinaus die Innenseiten der vorderen Kotflügel sowie die Motorhaube, die aus diesem Grund über eine seitliche Nahtstelle verfügt. Charakteristisch für diese frühen Wellblechhauben ist neben dieser Naht auch das ovale Doppelwinkelsignet auf dem Lüftungsgitter. Die ersten 2CV unterscheiden sich aber noch in einer Fülle weiterer Details von späteren Versionen: So werden bei den Scheinwerfern 1949 alternativ Streuscheiben aus Glas und aus Kunststoff verbaut. 2CV vor Dezember 1954 verfügen zudem über spezifische Türschlösser, die an der Unterseite über ein kleines Schiebestück verriegelt werden können. Typisch sind auch die

Der Doppelwinkel im Oval ist charakteristisch für ganz frühe 2CV bis Baujahr 1953.

Um den Käufern das Gefühl zu vermitteln, dass die Serienproduktion bereits in vollem Gange sei, lässt Citroën 1949 auch schon einmal geschickt arrangierte Fotos aufnehmen.

querversteppten grauen Baumwollsitzbezüge, die anders als bei den späteren „Campingsitzen" auf breiten Gummis aufliegen.

Am 12. Juli 1949 beginnt offiziell der Verkauf des neuen Citroën in Frankreich. Wie so manches aus der Frühgeschichte des 2CV gestaltet sich jedoch auch dieser Verkaufsstart zugegebenermaßen etwas eigenartig. Denn obwohl Pierre Boulanger den Citroën-Vertriebsdirektor Maurice Gagnepain damit beauftragt,

Eigentlich soll der 2CV ja nur einen Korb mit Eiern über ein ungepflügtes Feld transportieren können, aber mit Hühnern an Bord geht es ja vielleicht auch.

„Der Mann mit dem Koffer"– der 2CV als ideales Gefährt für Handlungsreisende.

Ein weiteres Prospketfoto aus dem Jahr 1949, das die vielfältigen Verwendungsmöglichkeiten des 2CV illustrieren soll.

Obwohl dieses Werbefoto aus dem Jahr 1949 stammt, benutzt Citroën für diese Aufnahme noch ein Vorserienfahrzeug.

eine Werbetour zu organisieren, um landesweit den Vertragshändlern der Marke das neue Modell vor Ort zu präsentieren, gilt die strikte Order, dass über den Preis und die Lieferfristen keine Aussagen gemacht werden dürfen. An sich wäre dies eigentlich schon kurios genug, doch es geht noch weiter: Die Mitarbeiter Gagnepains werden ausdrücklich angehalten, keine Bestellungen entgegenzunehmen.

Für die Händler der Marke bietet die Werbetour jedoch zumindest eine Gelegenheit, endlich den auf dem Salon noch sorgsam verborgenen Motor in Augenschein zu nehmen – ein Privileg, das längst nicht jedem vergönnt ist. Um ihre Neugierde zu stillen, greifen Einige sogar zu drastischen Mitteln: So wird am 5. September 1949 ein Citroën-Testfahrer in der Nähe des Versuchsgeländes in La Ferté-Vidame von zwei Unbekannten überfallen, die ihn niederschlagen, nur um das Triebwerk in Augenschein nehmen zu können.

Erst am 22. September 1949 teilt Citroën seinen Händlern die Modalitäten für die Auslieferung des neuen Modells mit. Bei dieser Gelegenheit wird der Preis auf 228.000 (alte) FF angehoben. Wenige Tage später lässt Citroën Werbefotos erstellen, die eine Halle voller Neuwagen zeigen. Ein Werbetrick,

Démarrage électrique.
Direction douce à crémaillère.
4 points seulement à graisser.
Toit découvrable.

Prix : 228.000 francs.

AC 4844-9-49

Théo Brugière

LA 2 CV CITROËN

Traction Avant

C'est un moyen de transport pratique, confortable et de qualité pour tous ceux qui ont à se déplacer.

C'est une vraie voiture avec 4 vraies places et 4 portes.

Elle transporte 4 personnes et 50 kg de bagages à 60 km h.

Elle est économique de fonctionnement et économique d'entretien.

Elle consomme, suivant la vitesse, de 4 à 5 litres d'essence aux 100 km.

Elle fait aisément 50 à 55 de moyenne sur routes faciles. En pays accidenté et à pleine charge, elle fait encore du 40 de moyenne.

Elle a grimpé à pleine charge, avec le réglage normal, les 22 km du parcours de la course de côte du Mont Ventoux (altitude 1912 m).

La suspension et les sièges réglables assurent une douceur de roulage comparable à celle des voitures les plus confortables.

Il y a un chauffage pour l'hiver - une aération pour l'été.

Les points essentiels, c'est-à-dire :
précision de la mécanique,
qualité de la fabrication et des matériaux,
tenue de route qui est celle de nos tractions AV,
freinage hydraulique sur les 4 roues,
sont dignes de la meilleure technique Citroën.

Le moteur est un 375 cm³ 2 cylindres 4 temps à refroidissement par air. Pas de soucis de radiateur qui gèle en hiver.

3 vitesses normales, plus une vitesse surmultipliée et une marche arrière.

La légèreté a été très étudiée : plus la voiture est légère, moins elle consomme d'essence et de pneus.

Ganz frühe Prospekte aus den Jahren 1949 und 50 – eine Zeit, in der die Werbung für den 2CV auf ein Minimum beschränkt ist.

denn in Wirklichkeit handelt es sich gerade einmal um 30 Fahrzeuge. Der Fotograf lichtet diese allerdings so geschickt ab, dass der Eindruck entsteht, Citroën könne das neue Modell ab sofort in ausreichender Stückzahl ausliefern.

Zu dieser Zeit ist das im Pariser Stadtteil Levallois-Perret gelegene gleichnamige Citroën-Werk jedoch kaum auf eine Massenproduktion von Autos ausgelegt. Der Gebäudekomplex aus der Zeit der Jahrhundertwende, den André Citroën 1922

LA 2 CV CITROËN
Traction Avant

4 Places, 4 Portes.

On a de la place, on est bien...

La 2 CV est une vraie voiture. 4 personnes y tiennent à l'aise et peuvent déplacer ou allonger leurs jambes. La douceur des sièges et surtout le système de suspension absorbent rigoureusement les inégalités de la route.

Les sièges AV et AR sont réglables et s'enlèvent facilement, ce qui permet de les utiliser, en camping par exemple, comme fauteuils de repos.

En hiver, on est bien chauffé. En été, la ventilation est réglable par l'ouverture progressive du volet d'aération sous le pare-brise.

La voiture — du fait qu'elle est découvrable soit partiellement soit entièrement — offre des utilisations variées en plus d'un incomparable confort.

On fait des moyennes honorables

Sur route facile, avec 4 personnes et 50 kg de bagages, on tient des moyennes de 50 à 55 km/h. En pays accidenté, on fait encore le 40 de moyenne. Enfin, en côte, la 2 CV grimpe régulièrement et sans difficultés : A titre d'exemple, elle gravit, d'un trait, à pleine charge, les 22 km de la côte du Mont Ventoux (1912 m).

La 2 CV est robuste

Elle est faite pour durer. Malgré son faible poids, ses organes sont largement dimensionnés. La qualité des métaux, la précision de la mécanique, la rigueur des contrôles en font une voiture digne de la meilleure technique Citroën.

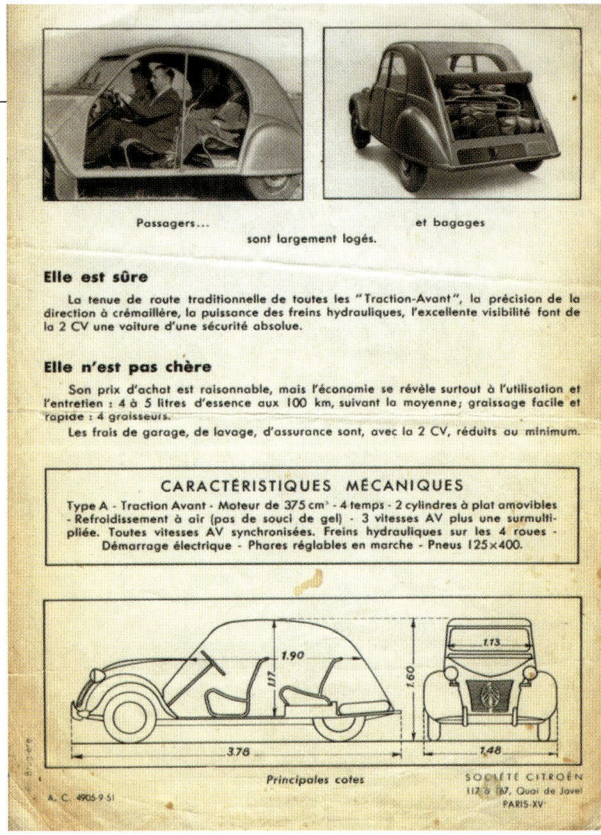

Passagers... et bagages sont largement logés.

Elle est sûre

La tenue de route traditionnelle de toutes les "Traction-Avant", la précision de la direction à crémaillère, la puissance des freins hydrauliques, l'excellente visibilité font de la 2 CV une voiture d'une sécurité absolue.

Elle n'est pas chère

Son prix d'achat est raisonnable, mais l'économie se révèle surtout à l'utilisation et l'entretien : 4 à 5 litres d'essence aux 100 km, suivant la moyenne; graissage facile et rapide : 4 graisseurs.

Les frais de garage, de lavage, d'assurance sont, avec la 2 CV, réduits au minimum.

CARACTÉRISTIQUES MÉCANIQUES

Type A - Traction Avant - Moteur de 375 cm³ - 4 temps - 2 cylindres à plat amovibles - Refroidissement à air (pas de souci de gel) - 3 vitesses AV plus une surmultipliée. Toutes vitesses AV synchronisées. Freins hydrauliques sur les 4 roues - Démarrage électrique - Phares réglables en marche - Pneus 125×400.

Principales cotes

A. C. 4905-9-51

SOCIÉTÉ CITROËN
117 à 167, Quai de Javel
PARIS-XV

von Adolphe Clément erworben hat, ist damals schlichtweg nicht mit den notwendigen Produktionsanlagen ausgestattet. Anders als die Régie Nationale Renault, die als Staatsunternehmen zu dieser Zeit bereits über modernste Fertigungstechnik aus den USA verfügt, kann Citroën das veraltete Werk am Quai Michelet nur peu à peu modernisieren.

Angesichts einer Tagesproduktion von gerade einmal vier Fahrzeugen lässt Pierre Boulanger kurzfristig ein spezielles Vergabeverfahren erstellen, das bestimmte Berufsgruppen bei der 2CV-Zuteilung bevorzugt behandelt. Zu den Privilegierten gehören Landwirte und Handlungsreisende, aber auch Angehörige sozialer Berufe wie Priester, Ärzte, Krankenschwestern, Hebammen sowie Lehrer und Tierärzte. Die am besten repräsentierte Berufsgruppe unter den 1086 ersten 2CV-Besitzern bilden allerdings Vertreter für Wein und Spirituosen. Im Oktober 1949 präsentiert Citroën auf dem Salon erneut drei 2CV, von denen einer ohne Motorhaube und vordere Kotflügel ausgestellt wird, um einen freien Blick auf die Mechanik zu gewähren. Obwohl der Verkauf zu dieser Zeit bereits angelaufen ist, werden 1949 insgesamt gerade einmal 876 Fahrzeuge des Typs 2CV montiert.

Im Verlauf des Jahres 1950 gelingt es Citroën allerdings, die Tagesproduktion kontinuierlich auf schließlich fast 100 Einheiten pro Tag zu steigern. Insgesamt werden so 1950 bereits 6196 2CV von den Bändern in Levallois laufen. Im Vergleich zum Renault 4CV, der es im selben Zeitraum auf über 100.000 Exemplare bringt, präsentiert sich dieses Ergebnis jedoch immer noch eher bescheiden.

Sieht man von einigen Detailänderungen ab, so erfolgen bis 1952 keine nennenswerten Modifikationen am 2CV. Eine Ausnahme bildet die Montage eines Zündschlosses, das ab Dezember 1950 rechts am Armaturenkasten angebracht wird. Bei dieser Gelegenheit entfällt der bisherige mit „C" markierte Knopf, der dazu dient, die Zündung einzuschalten. Parallel dazu erhält die Fahrertür ein Schloss. Offensichtlich sind die wenigen ausgelieferten 2CV damals bei Dieben so beliebt, dass das bisher mitgelieferte Fahrradschloss, das dazu dient, die nach vorne geklappte Vordersitzbank am Lenkrad festzuschließen, als Diebstahlschutz nicht mehr ausreicht ...

Handwerkertraum mit fliegendem Vorbild – Die Kastenente (1950 – 1952)

Anfang der Fünfziger Jahre besteht in Frankreich ein großer Bedarf an preisgünstigen Kleintransportern. Aus diesem Grund präsentiert Citroën auf dem Salon 1950 eine Lieferwagenvariante des 2CV, die sich vornehmlich an kleine Handel- und Gewerbetreibende richtet.

Das neue Modell AU wird ab Februar 1951 gleichfalls im Werk Levallois produziert. Die von einem Team unter Leitung von Jean Cadiou entwickelte „Fourgonnette" ist ein Musterbeispiel für die Umsetzung eines konsequenten Leichtbaus. Formal orientiert sich die Gestaltung der Karosserie am hauseigenen Transporter Typ H, der 1947 auf dem Pariser Salon vorgestellt worden war. Die Verwendung von mittels eingeprägten Längssicken versteiftem Feinblech, das große Verwindungs-

Der 1947 präsentierte Typ H dient als Vorbild für die Konstruktion der Kastenente.

Heckansicht eines sehr frühen AU von 1951.

Ein belgischer AZU von circa 1956 mit nachgerüsteten Seitenscheiben. Kleinunternehmern, wie diesem Glasbläser, dienten diese Autos oft zugleich als Firmen- und als Privatwagen.

steifigkeit bei geringer Materialstärke ermöglicht, stammt jedoch eigentlich aus dem Flugzeugbau. Sie geht zurück auf Hugo Junkers, der bereits 1919 bei der F13, dem ersten Ganzmetallflugzeug der Welt, profiliertes „Wellblech" einsetzt. Die vielzitierte Ähnlichkeit des Typs H und des AU mit einer Ju 52 kommt also nicht von ungefähr.

Obwohl ein auf dem Salon verteiltes Faltblatt von einem 425-ccm-Motor kündet, wird der AU – der immerhin für eine Zuladung von 250 kg ausgelegt ist – ab März 1951 dennoch wieder mit dem kleinen 375-ccm-Triebwerk ausgeliefert. Citroën geizt jedoch nicht nur in puncto Motorleistung: Ab Werk ist die Fourgonnette nämlich allein mit einem Fahrersitz ausgestattet. Einen Beifahrersitz wird es erst ab 1952 geben, und auch dann nur gegen Aufpreis. Und weil die Sicht nach hinten angesichts fehlender Seiten- und unterdimensionierter ovaler Heckfenster ohnehin bescheiden ist, verzichtet Citroën ebenfalls auf die Montage eines Innenspiegels. Der Fairness halber muss aber gesagt werden, dass die Fourgonnette von Beginn an mit einem Außenspiegel geliefert wird.

Technisch entspricht der kleine Lieferwagen im Wesentlichen der Limousine, wobei das Getriebe allerdings geringfügig kürzer übersetzt ist. Um die Vielseitigkeit der Fourgonnette zu illustrieren, führen die zeitgenössischen Prospekte meist eine

Zwei belgische AZU aus den späten 1950er Jahren mit erhöhtem Kasten.

Dieser Prospekt aus den 1950er Jahren preist die Vielseitigkeit der Fourgonnette an.

Die auf dem Pariser Salon im Oktober 1950 präsentierte Vorserienversion der Fourgonnette weicht geringfügig von der späteren Serienversion ab. So sitzt der Tankstutzen noch im Heck neben der rechten Tür.

breite Palette von Berufen und Gewerben auf. So bewirbt Citroën die Kastenente unter anderem als ideales Transportmittel für Schornsteinfeger, Konditoren, Handlungsreisende, Floristen, Feinkosthändler, Fotografen, Anstreicher, Gemüsegärtner, Kurzwarenhändler und Apotheker.

Henri-Georges Clouzots düsterer Krimiklassiker „Die Teuflischen" (Les Diaboliques) illustriert im Jahr 1955, dass der geschlossene Wellblechkasten aber auch für den Transport von sehr speziellen Gütern bestens geeignet ist. So benutzen die Hauptdarstellerinnen Simone Signoret und Vera Clouzot einen frühen AU, um ihr vermeintliches Mordopfer Paul Meurisse zu entsorgen.

Im Februar 1952 wird die bislang völlig glatte Rückwand der AU-Karosserie, die sich im Alltagsbetrieb als recht fragil erwiesen hat, mit vier eingeprägten Medaillons verstärkt. Doch bereits im August werden diese ihrerseits durch acht kleine Rechteckprofile ersetzt werden. Seit Anfang des Jahres 1952 dürfen im elsässischen Saverne die beiden Briefträger Willy Schutte und Oscar Oberle versuchsweise Briefe und Päckchen mit einer 2CV Fourgonnette ausfahren. Das Experiment verläuft so erfolgreich, dass die französische Post in den kommenden Jahren tausende von Kastenenten erwerben wird. 1958 wird eine solche Postente sogar eine Briefmarke zieren, die anlässlich des „Tags der Briefmarke" herausgegeben wird. Die Fourgonnette ist damit das erste Auto, das jemals auf einer Briefmarke der französischen Post abgebildet wird.

Doch zurück ins Jahr 1952: Am 17. März dieses Jahres gründet Jean Malard zusammen mit André Nodiot und Claude Perrault in Orléans den „Club des 2CV de L'Orléanais" – und damit mit sehr großer Wahrscheinlichkeit den ersten derartigen Zusammenschluss von 2CV-Fahrern der Welt. Bereits im Mai 1952 organisiert der heute noch bestehende Club eine erste Rallye, bei der die 16 teilnehmenden 2CV, darunter auch eine Fourgonnette, non-

Ein AU, Baujahr 1951/52: Genau wie auch die Limousinen, sind auch die AU bis Oktober 1952 in „gris metallisé" lackiert.

stop eine Strecke von insgesamt 900 km bewältigen müssen. Obwohl solche Härtetests beweisen, dass die frühen 2CV bereits ein sehr hohes Maß an Zuverlässigkeit besitzen, fließen weiterhin zahlreiche Verbesserungen in die laufende Serie ein. So werden im Verlauf des Jahres 1952 die Bremstrommeln, die Bremsträgerplatten und der Kupplungsmechanismus überarbeitet. Zum Modelljahr 1953 wechselt schließlich die Einheitsfarbe beider 2CV-Versionen von „gris metallisé" auf „gris uni foncé" (AC 118).

Das erste Auto, das jemals auf einer französischen Briefmarke abgebildet wird, ist ein Post-AZU.

Der 2CV wird zu einem europäischen Auto (1952)

Für die Geschichte des 2CV markiert das Jahr 1952 einen wichtigen Einschnitt, da erstmals in geringen Stückzahlen Fahrzeuge dieses Typs exportiert werden. Es sind die Niederländer, denen die Ehre zuteil wird, als erste Nichtfranzosen einen 2CV kaufen zu können. Sie besitzen zudem das Privileg, lediglich sechs Monate auf ihr Auto warten zu müssen, während im Mutterland des 2CV Anfang der fünfziger

Ab Mitte der fünfziger Jahre entwickeln sich die Niederlande zu einer 2CV-Hochburg. Hier ein in Forest gebautes AZ-Modell, Baujahr 1961 oder 62

Niederländische 2CV-Werbungen aus den fünfziger Jahren.

goudvis *(en nog wat)* op zaterdagmiddag

„Zeg, Ans heeft eindelijk 'n kamer gevonden hier in de buurt", zei m'n vrouw, „zou je vanmiddag even tijd hebben om haar te verhuizen. Dan ziet ze meteen je nieuwe auto, zei ze".

En zo stond ik 'n uur later met m'n Citroën 2 CV bij mijn zuster voor de deur. Bij wijze van begroeting begon ze hartelijk te lachen. „Maar Wim!", riep ze, „ik dacht dat je met een reuzenslee zou komen. Hoe wou je alles met dat lelijke eendje transporteren? Dan zijn we morgen nog bezig!"
„We zullen zien" zei ik en glimlachte zelfverzekerd (ik had de achterbank thuisgelaten).

Bij het inladen grapte Ans nog van „Pas op, hij zakt in" en van „Nu is ie toch zeker wel vol?", maar ik stapelde onverstoorbaar verder. „Dit is 't laatste" zei ze bij de strijkplank „enne... ik neem terug wat ik zei over je 2 CV, wàt 'n ruimte heeft dat ding - geweldig! Maar nu Pietje nog, wat doen we met Pietje?"
„Wie is Pietje?"
„M'n goudvis, natuurlijk!"
„O, natuurlijk! Nou, Pietje kan gerust zijn - de vering van 'n 2 CV kent zijn gelijke niet, stap maar in met 'm. Daar gaan we".

Enfin, Pietje maakte de reis zonder 'n druppel uit z'n kom te verliezen en toen alles naar binnen gesjouwd was op Ans haar nieuwe adres, wuifde ik haar bedankjes luchtig weg. Maar ze zei: „Hè, toe, laat me je dan tenminste je benzine vergoeden".
Toen moest ik lachen, heel hard. „De benzine?" Voor 10 kilometer? Dat is nog geen kwartje. Kom daar maar 's voor zingen - 'n loflied op de zuinigheid van de 2 CV bij voorbeeld!"

• • • • • • • • • • • • • • • • • • •

Elke dag, overal, onder alle omstandigheden, ondervinden bezitters van 'n Citroën 2 CV hoe verbluffend veelzijdig hun wagen is en prestaties levert waar iedereen van opkijkt. Bekend om z'n zuinigheid (1 op 20), z'n ruimte en z'n comfort is de 2 CV de echt praktische gezinsauto, een voortdurende bron van genoegen. Gaat U maar eens kijken en 'n proefrit maken. Eén van de 82 Citroën-dealers is beslist dicht bij U gevestigd. Weet U niet waar? Vraag 't even aan:

AUTOMOBILES CITROËN N.V. STADIONPLEIN 26-30 AMSTERDAM TEL. 790222

Nr. 13 - 20

Advertentie

In het kasteel van de Koning van Friesland

Vorige week zaten we te eten en toen zei mijn broertje Henk "Meneer heeft vandaag verteld over Koning Redbad van Friesland". Nou, wij lachen natuurlijk want die bestaat niet maar Henk zei: "Welles in 700, en hij wou zich niet laten dopen". Toen zei mijn moeder "Wacht eens, Henk heeft gelijk, daar heb ik ook wel eens van gehoord" en Henk zei "Meneer heeft het zelf verteld en bij Medemblik staat zijn kasteel". "Dan weet ik een leuk plan" zei mijn vader, "dan gaan we met het lelijke eendje naar dat kasteel toe, dan kunnen we allemaal zelf zien wat de onderwijzer verteld heeft. Nu, dat vonden we allemaal reuze leuk en gisteren zijn we er naar toe geweest. We gaan altijd met de 2 cv overal heen, want mijn vader zegt dat is veel leuker dan uit een boekje. Het was een heel mooi kasteel en er was ook iemand die alles over koning Redbad vertelde. Koning Redbad was een Deense Viking die toen Koning werd over Friesland, Zeeland en Denemarken. Hij was heel dapper en hij vocht altijd met een Frankische vorst die Pippijn de Middelste heette. Henk zei dat hij ~~dat hij~~ dan altijd achter de transen stond en dan vuurde hij raketten af naar beneden op de vijand. Dat komt hij heeft nog niet op school geleerd wanneer het buskruit is uitgevonden. We waren ook nog in de troonzaal, daar was het ook prachtig. Henk pakte een hellebaard en zei "Ik Koning Redbad verklaar U de oorlog". Dat was reuze leuk want die hellebaard was heel zwaar, mijn zusje Carla kreeg hem bijna op haar hoofd. Er was ook nog een gevangenis met een hele dikke deur met een klein luikje. Henk en Carla mochten er even in, maar Carla vond het niets leuk, die wou er gauw weer uit. Nu, toen gingen we weer naar huis. Op de terugweg regende het weer maar wij zaten lekker droog in ons lelijke eendje. Toen we thuis waren zei mijn vader: "Nu weten we allemaal wie Koning Redbad van Friesland was - dankzij onze 2 cv!"

B-I-3

AUTOMOBILES CITROËN N.V. AMSTERDAM TEL.790222

Nr. 13 - 19

Eine frühe belgische Werbeanzeige.

Jahre Lieferzeiten von bis zu sechs Jahren möglich sind. Von einem durchschlagenden Erfolg des kleinen Citroën kann allerdings keine Rede sein, da sich die Verkaufsziffern in den ersten Importjahren gerade einmal im dreistelligen Bereich bewegen. Hieran kann auch die Tatsache nichts ändern, dass Citroën Nederland sogar erstmals eine „Luxusversion" des 2CV kreiert. Diese wird bereits im Dezember 1952 angekündigt, aber erst ab August des Folgejahres ausgeliefert. Der 2CV AL „Amsterdam", der gerade einmal 100 Gulden mehr kostet als die Basisversion, verfügt neben Radkappen und Chromschmuck über eine Zweifarblackierung, ein edleres Lenkrad und vor allem über seitliche an der C-Säule montierte Blinker. Wem der Aufpreis zu hoch ist, der kann sich Radkappen und Zierleisten für nur 50 Gulden aber auch auf ein Standard-Modell montieren lassen.

Oben und rechts: Hansjürg Stihl fährt 1970 mit seiner fast 10 Jahre alten Ente von der Schweiz zum Nordkap – mit stilechten Souvenirs.

Ein – wie häufig – sehr schönes Werbefoto von Citroën Nederland aus der Zeit um 1960.

2CV des niederländischen 2CV-Clubs auf dem Uferboulevard im belgischen Oostende

Wie sehr die französische Automobilindustrie – mit Ausnahme von Renault – zu dieser Zeit noch von der Mangelwirtschaft der Nachkriegsjahre geprägt ist, zeigt sich daran, dass die zunächst noch aus Levallois in die Niederlande exportierten 2CV erst im belgischen Werk Forest mit Reifen und Batterie ausgestattet werden. Das skurrile Äußere des kleinen Citroën sowie dessen spartanische Ausstattung sorgen allerdings auch bei den Händlern der Marke für Irritationen. Diese gipfeln darin, dass der Vorstand der niederländischen Vertriebsgesellschaft noch auf einer Händlertagung im Dezember 1953 versichern muss, dass es sich beim 2CV keinesfalls um ein Übergangsmodell für schlechte Zeiten handelt.

Illustration aus dem von Citroën Nederland vertriebenen Büchlein :„Een avondjurk op de achterbank" von Jan Blokker

Im Unterschied zu seinem Mutterland wird der 2CV in den Niederlanden zudem nicht von der Landbevölkerung oder von Menschen mit geringem Einkommen gekauft, sondern eher von Liebhabern, die sich für die simple, aber geniale Konstruktion des Autos begeistern. So verwundert es nicht, dass bereits Mitte der Fünfziger Jahre ein niederländischer 2CV-Club existiert, der gemeinsame Ausfahrten, Treffen und technische Seminare organisiert. Ungeachtet der anfänglichen Schwierigkeiten wird

Praktische Erfahrungen mit dem 2CV, diese schildert eine niederländische Broschüre von 1958.

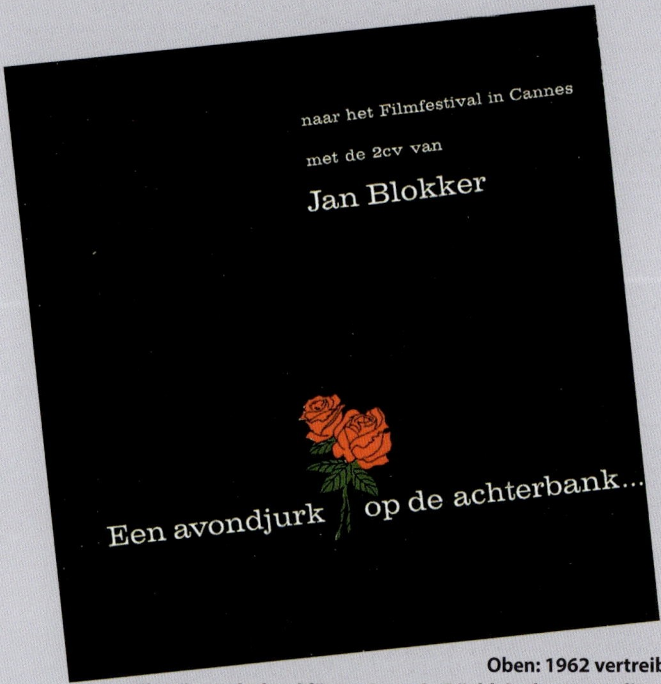

Oben: 1962 vertreibt Citroën Nederland für 48 Cent ein Büchlein des Journalisten und Schriftsellers Jan Blokker über eine Reise mit dem 2CV zu den Filmfestspielen in Cannes.

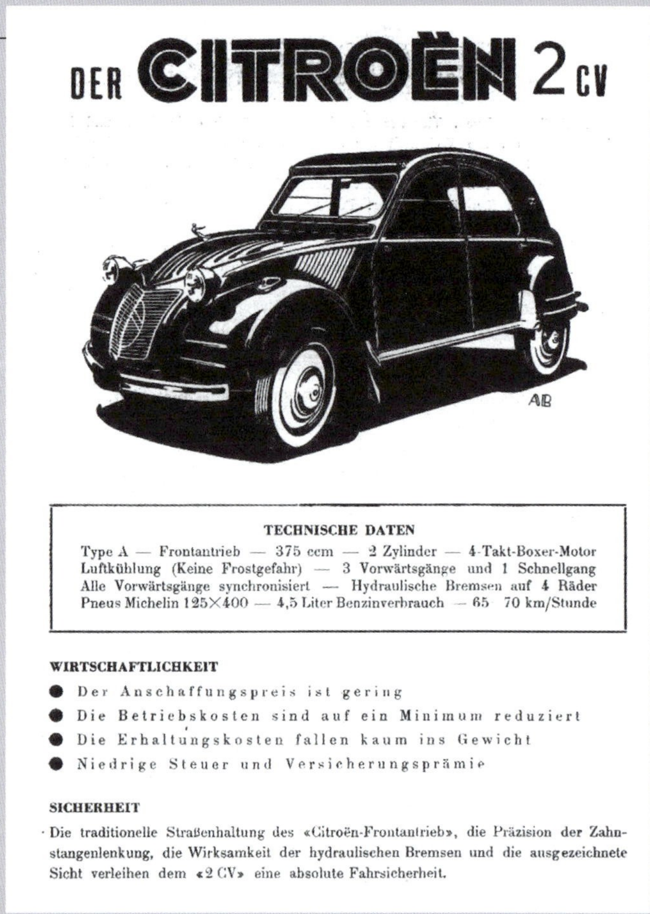

DER CITROËN 2 CV

TECHNISCHE DATEN

Type A — Frontantrieb — 375 ccm — 2 Zylinder — 4-Takt-Boxer-Motor
Luftkühlung (Keine Frostgefahr) — 3 Vorwärtsgänge und 1 Schnellgang
Alle Vorwärtsgänge synchronisiert — Hydraulische Bremsen auf 4 Räder
Pneus Michelin 125×400 — 4,5 Liter Benzinverbrauch — 65 70 km/Stunde

WIRTSCHAFTLICHKEIT

- Der Anschaffungspreis ist gering
- Die Betriebskosten sind auf ein Minimum reduziert
- Die Erhaltungskosten fallen kaum ins Gewicht
- Niedrige Steuer und Versicherungsprämie

SICHERHEIT

Die traditionelle Straßenhaltung des «Citroën-Frontantrieb», die Präzision der Zahnstangenlenkung, die Wirksamkeit der hydraulischen Bremsen und die ausgezeichnete Sicht verleihen dem «2 CV» eine absolute Fahrsicherheit.

Oben: Der Wiener Autohändler Rudolf Smoliner importiert Anfang der 50er Jahre nicht nur Lancia, Innocenti und Willys Overland, sondern auch 2CV, die allerdings optisch aufgewertet werden.

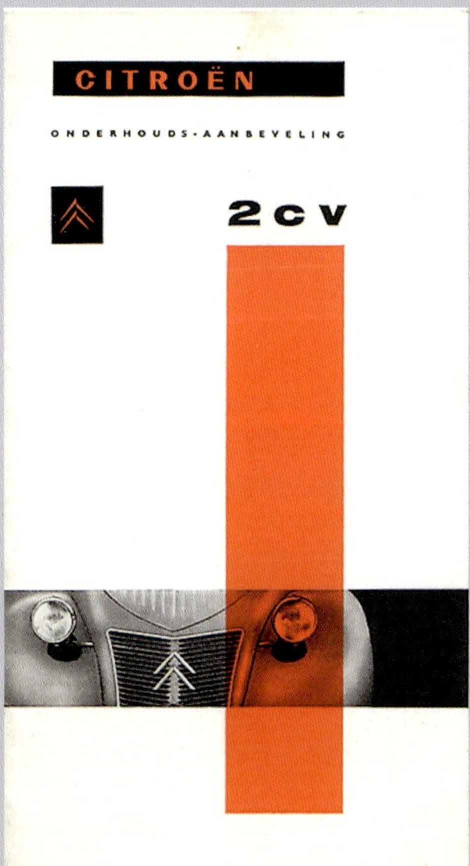

Unten: Niederländische Wartungstipps aus den fünfziger Jahren.

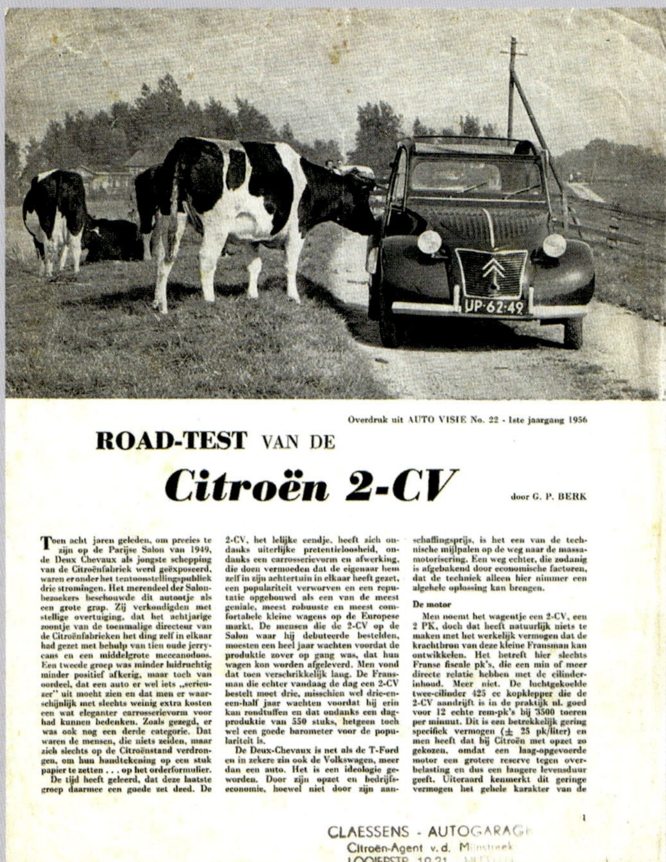

Overdruk uit AUTO VISIE No. 22 - Iste jaargang 1956

ROAD-TEST VAN DE

Citroën 2-CV

door G. P. BERK

Toen acht jaren geleden, om precies te zijn op de Parijse Salon van 1949, de Deux Chevaux als jongste schepping van de Citroënfabriek werd geëxposeerd, waren er onder het tentoonstellingspubliek drie stromingen. Het merendeel der Salonbezoekers beschouwde dit autootje als een grote grap. Zij verkondigden met stellige overtuiging, dat het achtjarige zoontje van de toenmalige directeur van de Citroënfabrieken het ding zelf in elkaar had gezet met behulp van tien oude jerrycans en een middelgrote meccanodoos. Een tweede groep was minder luidruchtig minder positief afkerig, maar toch van oordeel, dat een auto er wel iets „serieuzer" uit mocht zien en dat men er waarschijnlijk met slechts weinig extra kosten een wat eleganter carrosserievorm voor had kunnen bedenken. Zoals gezegd, er was ook nog een derde categorie. Dat waren de mensen, die niets zeiden, maar zich slechts op de Citroënstand verdrongen, om hun handtekening op een stuk papier te zetten . . . op het orderformulier.

De tijd heeft geleerd, dat deze laatste groep daarmee een goede zet deed. De 2-CV, het lelijke eendje, heeft zich ondanks uiterlijke pretentieloosheid, ondanks een carrosserievorm en afwerking, die doen vermoeden dat de eigenaar hem zelf in zijn achtertuin in elkaar heeft gezet, een populariteit verworven en een reputatie opgebouwd als een van de meest geniale, meest robuuste en meest comfortabele kleine wagens op de Europese markt. De mensen die de 2-CV op de Salon waar hij debuteerde bestelden, moesten een heel jaar wachten voordat de produktie zover op gang was, dat hun wagen kon worden afgeleverd. Men vond dat toen verschrikkelijk lang. De Fransman die echter vandaag de dag een 2-CV bestelt moet drie, misschien wel drie-en-een-half jaar wachten voordat hij erin kan rondtuffen en dat ondanks een dagproduktie van 550 stuks, hetgeen toch wel een goede barometer voor de populariteit is.

De Deux-Chevaux is net als de T-Ford en in zekere zin ook de Volkswagen, meer dan een auto. Het is een ideologie geworden. Door zijn opzet en bedrijfseconomie, hoewel niet door zijn aanschaffingsprijs, is het een van de technische mijlpalen op de weg naar de massamotorisering. Een weg echter, die zodanig is afgebakend door economische factoren, dat de techniek alleen hier nimmer een algehele oplossing kan brengen.

De motor

Men noemt het wagentje een 2-CV, een 2 PK, doch dat heeft natuurlijk niets te maken met het werkelijk vermogen dat de krachtbron van deze kleine Fransman kan ontwikkelen. Het betreft hier slechts Franse fiscale pk's, die een min of meer directe relatie hebben met de cilinderinhoud. Meer niet. De luchtgekoelde twee-cilinder 425 cc kopklepper die de 2-CV aandrijft is in de praktijk nl. goed voor 12 echte rem-pk's bij 3500 toeren per minuut. Dit is een betrekkelijk gering specifiek vermogen (± 25 pk/liter) en men heeft dat bij Citroën met opzet zo gekozen, omdat een laag-opgevoerde motor een grotere reserve tegen overbelasting en dus een langere levensduur geeft. Uiteraard kenmerkt dit geringe vermogen het gehele karakter van de

1

CLAESSENS - AUTOGARAGE
Citroën-Agent v.d. M
LOOIERSTR. 19-21

1956 testet die niederländische Zeitschrift *Autovisie* ausführlich den 2CV.

Als unabhängiger Importeur gestaltet Rudolf Smoliner auch eigenständige Werbeanzeigen und Prospekte.

Ende 1952 präsentiert Citroën Nederland erstmals eine Luxusversion des 2CV, den „A Luxe Amsterdam", der sich nicht nur durch zahlreiche Zierteile auszeichnet, sondern auch durch eine Zweifarblackierung.

Zeitgeschichte 1949-1950

1949

- Mit der Unterzeichnung des Nordatlantikvertrags am 4. April erfolgt die Gründung des Westlichen Militärbündnisses Nato.
- Unter der Führung der Sowjetunion gründen die sozialistischen Staaten im Januar den Rat für gegenseitige Wirtschaftshilfe Comecon.
- Am 29. August zündet die Sowjetunion ihre erste Atombombe.
- In Frankreich wird Georges Bidault neuer französischer Regierungschef (28. Oktober). Er löst Henri Queuille ab.
- Am New Yorker Broadway wird Arthur Millers Drama „Tod eines Handlungsreisenden" aufgeführt.
- In Großbritannien wird der Roman „1984" von Georg Orwell veröffentlicht.
- In den drei Westzonen erfolgt am 23. Mai mit der Annahme des Grundgesetzes durch den Parlamentarischen Rat die Gründung der Bundesrepublik Deutschland, die provisorische Hauptstadt ist Bonn.
- Am 7. Oktober 1949 setzt die Provisorische Volkskammer die Verfassung der Deutschen Demokratischen Republik in Kraft. Damit existieren de facto zwei deutsche Staaten.
- Im so genannten Ruhrstatut fordern Großbritannien, Frankreich, die USA und die Beneluxstaaten im April eine internationale Ruhrbehörde zur Kontrolle der deutschen Kohle-, Koks- und Stahlproduktion.
- Mit dem „Petersberger Abkommen" erkennt die Bundesrepublik im November das Ruhrstatut an.
- In Berlin erfindet Herta Heuwer die Curry-Wurst.
- Die Freiwillige Selbstkontrolle der Filmwirtschaft (FSK) nimmt ihre Arbeit auf.
- In Hamburg wird der Otto Versand gegründet.

1950

- Nordkoreanische Truppen greifen am 25. Juni Südkorea an. Der Sicherheitsrat der Vereinten Nationen beschließt die Aufstellung von Interventionstruppen, deren Eingreifen mit der Resolution 85 genehmigt wird.
- Im Saarabkommen zwischen dem französischen Außenminister Robert Schuman und dem saarländischen Ministerpräsidenten Johannes Hoffmann wird am 3. März eine weitgehende Integration des Saarlandes in den franz. Wirtschaftsraum vereinbart. Frankreich übernimmt die Kontrolle über die Zechen. Außerdem wird das Saarland außenpolitisch durch Frankreich vertreten. Das Saarabkommen stößt bei allen Parteien des Deutschen Bundestages auf heftige Kritik.
- Der französische Außenminister Robert Schuman tritt am 9. Mai für eine gemeinsame deutsch-französische Verwaltung der Kohle- und Stahlindustrie ein (Schumann-Plan).
- In Belgien kommt es nach der Rückkehr des belgischen Königs aus dem Exil aufgrund dessen Verhaltens im Jahr 1940 zu heftigen Protesten, die zu dessen Thronverzicht führen.
- In Frankreich folgt auf das Kabinett Georges Bidault am 24. Juni eine neue Regierung unter Henri Queuille, die ihrerseits bereits am 12. Juli vom Kabinett René Pleven abgelöst werden wird.
- In den USA wird der „Ausschuss für unamerikanische Umtriebe" eingerichtet, der Jagd auf echte und vermeintliche Kommunisten macht.
- Erstflug der Lockheed „Super Constellation" am 13. Oktober
- In der Bundesrepublik endet im April die Verwendung von Lebensmittelkarten.
- In der DDR wird Walter Ulbricht am 25. Juli zum Generalsekretär der SED gewählt.
- Mit dem Görlitzer Vertrag zwischen der DDR und der Volksrepublik Polen wird am 6. Juni die Oder-Neiße-Grenze als „Friedensgrenze" anerkannt.
- Auf Anweisung von Walter Ulbricht wird das im Krieg beschädigte Berliner Stadtschloss gesprengt.
- In der DDR wird das Ministerium für Staatssicherheit gegründet.
- Gründung der Arbeitsgemeinschaft und des Verbunds der Öffentlich-Rechtlichen Rundfunkanstalten in Deutschland
- Erstmalig nach dem Krieg darf eine Auswahl des DFB an einem Fußballländerspiel teilnehmen; die DFB-Elf gewinnt 1:0 gegen die Schweiz.

Schweizer AZL3 von 1959 mit den für die schweizer Enten charakteristischen Traction-Blinkern

Rechts: Schon vor über 30 Jahren etwas Besonderes: Christof Schelbert mit seinem AZL3-Modell auf einem schweizer Treffen im Jahre 1981.

das „Lelijke Eendje" in den Niederlanden eine Popularität erreichen wie in kaum einem anderen europäischen Land. Neben den Niederlanden gehört auch die Schweiz zu den Exportländern der ersten Stunde. Obwohl der 2CV bereits im März 1952 auf dem Genfer Automobilsalon ausgestellt wird, läuft der Verkauf des „Döschwos" in der Schweizerischen Eidgenossenschaft gleichfalls eher zögerlich an.

Eigentlich stehen die Chancen für den 2CV in der Alpenrepublik gar nicht schlecht. Zumindest hat das Auto dort von Beginn an eine gute Presse – gehörte doch die äußerst populäre *Schweizer Automobilrevue* zu den wenigen Zeitschriften, die sich 1948 für den 2CV begeistern konnten. Hinzu kommt, dass es beim Import von Kraftfahrzeugen in die Schweiz nur vergleichsweise geringe Zoll- und Steuerbarrieren gibt. Um die Eidgenossen endgültig von den Qualitäten des kleinen Citroën zu überzeugen, engagiert die in Genf residierende „Société anonyme pour la vente en Suisse des Automobiles André Citroën" 1952 den jungen Karl Schori. Schori, der eigentlich Kaufmann ist und bis

Niederländische Werbung aus der zweiten Hälfte der fünfziger Jahre

dato noch nie im Bereich Marketing gearbeitet hat, soll den 2CV erfolgreich auf dem Schweizer Markt einführen. Hinsichtlich der Art und Weise, wie er seine Aufgabe umsetzen soll, gibt es erstaunlicherweise so gut wie keine Vorgaben. Im Gegenteil: Als Schori den Schweizer Citroën-Direktor Bouvigny fragt, wie er sich die Markteinführung denn inhaltlich vorstelle, erhält er nur die lapidare Antwort: „Wenn wir das wüssten, hätten wir Sie nicht eingestellt ..."

Für die Schweizer Citroën-Vertriebsgesellschaft wird sich die Einstellung des engagierten und vor allem kreativen Schori als echter Glücksfall erweisen. In den fünfziger und sechziger Jahren wird „Monsieur 2CV Suisse" nämlich nicht nur unzählige Werbeanzeigen und Faltblätter gestalten, sondern darüber hinaus auch 2CV-Rallyes, -Treffen und -Werbekarawanen organisieren – Maßnahmen, die den kleinen Citroën über Kantons- und Sprachgrenzen hinweg in der gesamten Schweiz bekannt machen.

In Österreich ist es der Wiener Autohändler Rudolf Smoliner, der ab 1952 in Eigenregie 2CV aus Frankreich importiert. Smoliner wird zum Importeur, da aufgrund des Viermächtestatuts für Österreich bis 1962 keine nationale Citroën-Vertriebsgesellschaft existiert. Ähnlich wie Schori in der Schweiz gestaltet er eigenständig Werbematerial wie Zeitungsanzeigen und Prospekte. Um seinen Landleuten den ab Werk schmucklosen 2CV nahezubringen, wertet Smoliner das Auto mit unzähligen Accessoires, darunter auch dem in Österreich bis heute als „Smoliner-Buckel" bekannten Buckel-Kofferdeckel auf. Werbewirksam nimmt Smoliner sogar selbst an Rennen teil: Im März 1953 erringt er bei einer Winterrallye des Österreichischen Automobilclubs ÖAAMC sogar einen werbewirksamen Sieg bei den Fahrzeugen bis 1500 ccm Hubraum. Laut Reglement hätte der 2CV eigentlich nur gegen die Konkurrenten der Klasse bis 750 ccm antreten dürfen. Aufgrund des Schnees und des schwierigen Kurses erreicht jedoch weder ein Fahrzeug aus dieser Klasse, noch eines aus der nächsthöheren Klasse bis 1100 ccm das Ziel.

Bereits im Oktober 1952 beginnt schließlich die 2CV-Produktion im belgischen Citroën-Werk Forest bei Brüssel, wo bis dahin ausschließlich 11CV und 15CV montiert wurden. Zeitgleich mit der Fertigung des 2CV beginnt auch eine belgische Produktion des Typ H. Zunächst glaubt noch nicht einmal der Direktor von Citroën Belux, Norbert Verschueren an einen größeren kommerziellen Erfolg des Autos auf dem im Vergleich zu Frankreich deutlich anspruchsvolleren belgischen Markt. Schon bald zeigt sich jedoch, dass das anfänglich sehr geringe Produktionsvolumen von nur einem Fahrzeug pro Tag nicht einmal ausreicht, um die Binnennachfrage zu stillen. In den ersten Monaten müssen deshalb sogar 2CV aus Frankreich importiert werden, deren Signalanlage in Forest an die Vorgaben der belgischen Zulassungsordnung angepasst wird. So besitzen sämtliche in Belgien verkauften 2CV spezifische Rückleuchten und Blinker mit zylindrischen Gehäusen. Ungewöhnlich ist hierbei die Position der vorderen Blinker, die unterhalb des Frontscheibenrahmens montiert werden.

Ungeachtet der anfänglich nur recht langsam auf Touren kommenden Produktion wird das 1926 eröffnete Werk in Forest schon bald zu einem wesentlichen Stützpfeiler beim Export des 2CV avancieren. Anders als im französischen 2CV-Werk Levallois werden in Forest allerdings stets mehrere Fahrzeug-Typen parallel montiert werden. So laufen Ende der fünfziger Jahre auf den Bändern des Zweigwerkes neben den verschiedenen 2CV-Varianten und dem Typ H (bis 1963) auch D-Modelle und Panhard PL17 (ebenfalls bis 1963). Ab 1961 wird schließlich auch der AMI6 in Forest produziert werden.

Dies hat unter anderem zur Folge, dass es bei der belgischen Produktion eine einheitliche typen- und modellübergreifende Farbpalette gibt. Dem Käufer eines 2CV steht somit die gleiche Farbauswahl zur Verfügung wie dem Käufer einer DS. Vor allem in den fünfziger Jahren können französische 2CV-Fahrer von solcherlei Luxus bestenfalls träumen. Hinzu kommt, dass sich die belgischen Citroën-Modelle in Bezug auf ihre Ausstattung an den höheren Kundenerwartungen der Beneluxländer orientieren – was sich auch auf die in Forest produzierten 2CV auswirken wird. Nicht zuletzt auch aus steuerlichen Gründen bezieht Citroën Belux zudem viele Zulieferteile aus Belgien. Ein sicheres Indiz für die belgische Herkunft eines 2CV bieten beispielsweise die Scheiben: Verbaut werden grundsätzlich solche aus belgischer Produktion der Marken Soliver, Jemeppe und Sobelver. Typisch sind auch die Felgen. Sie werden nicht von Michelin, sondern vom belgischen Lizenznehmer Lambert produziert. „A la Belge" präsentieren sich gleichfalls die Bezugsstoffe der Sitze sowie die Türverkleidungen. Abweichungen gegenüber der französischen Produktion gibt es darüber hinaus bei Scheinwerfern, Blinkern und Rückleuchten, die jedoch zum Großteil von französischen Zulieferern stammen. Interessanterweise werden vor allem in den sechziger Jahren in Forest auch Leuchten der deutschen Hersteller Hella und Ulo verbaut. Wie wichtig das belgische Werk für den Export des 2CV ist, belegt unter anderem die Tatsache, dass bereits ab Ende 1953 sämtliche in die Niederlande exportierten Fahrzeuge aus belgischer Produktion stammen. Ab 1955 wird auch ein Großteil der in der Schweiz verkauften 2CV aus Forest bezogen werden.

Der 2CV gewinnt an Fahrt (1953/54)

Anfang 1953 wird der Innenraum des 2CV endlich etwas wohnlicher gestaltet. Neue Sitzbezüge mit modischem Schottenkaro sowie Hahnentritt-Türverkleidungen werten die bisher „grau in grau" gehaltene Fahrgastzelle deutlich auf. Im Sommer 1953 werden fast alle Karosserieteile vereinfacht: Sie behalten zwar ihre Form, der zur Herstellung nötige Produktionsaufwand wird jedoch deutlich reduziert. So besteht die Innenseite der Türen fortan aus einem einzigen Pressteil und nicht mehr aus einzelnen, zeitaufwändig von Hand verschweißten Profilen. Außerdem wird der Aufstellmechanismus der Motorhaube vereinfacht: Eine einzelne Teleskopstange ersetzt den bis dato verwendeten

Obwohl die Ente spätestens ab 1953 in industrieller Großserie gefertigt wird, bleibt bis zum Produktionsende 1990 ein hoher Anteil an Handarbeit bestehen.

Die Gebäude des Stammwerks Levallois stammten aus dem späten 19. Jahrhundert. Entsprechend beengt ging es dort zu.

1953 werden Türen und Kotflügel so überarbeitet, dass der Produktionsaufwand um ein Vielfaches geringer ausfällt.

Der auf dem Bild zu sehende Vater von fünf Kindern aus dem Norden Frankreichs schreibt Citroën Anfang der fünfziger Jahre einen herzerweichenden Brief, um bei der Zuteilung einer Ente bedacht zu werden. Als er endlich einen 2CV erhält, ist seine Freude so groß, dass er dem Hersteller diesmal sogar ein selbstgeschriebenes Gedicht zukommen lässt.

breiten Bügel, der beidseitig an den Oberkanten der Kotflügel gelagert ist. Obwohl das ovale Doppelwinkelemblem bereits im Juni durch einfache Aluwinkel ersetzt wird, dauert es noch bis Oktober 1953, ehe schließlich auch die Wellblechhaube modifiziert wird.

Die oben genannten Änderungen sind ein wichtiges Indiz dafür, dass die Produktion des 2CV mehr und mehr den gängigen Kriterien einer industriellen Großserienfertigung entspricht. Dies äußert sich auch in den Produktionsziffern: Insgesamt werden 1953 bereits 48.482 Fahrzeuge (Limousine und Fourgonnette) gefertigt – eine deutliche Steigerung gegenüber der Produktion von gerade einmal 28.835 Einheiten im Vorjahr. Zum Verdruss der Käufer sind jahrelange Lieferzeiten in Frankreich noch immer die Regel, was zur Folge hat, dass die seltenen 2CV-Occasionen Anfang der fünfziger Jahre häufig zum Neupreis gehandelt werden.

Rekordverdächtig sind allerdings nicht nur die Lieferfristen des 2CV. So brechen Jacques Cornet und Henri Lochon am 8. Mai 1953 in Paris zu einer

Jaques Cornet und Henri Lochon erklimmen 1953 mit ihrer 9-PS-Ente den 5420 m hohen Chacaltaya und stellen so den Höhenweltrekord für Autos auf.

einjährigen Reise auf. Ihre 51.200 km lange Route führt durch Nord-, Mittel- und Südamerika. In Bolivien erklimmen die beiden mit ihrer 9-PS-Ente sogar den 5420 Meter hohen Chacaltaya, womit sie den Höhenweltrekord für Autos aufstellen. Um Gewicht zu sparen, haben Cornet und Lochon vor dem Aufstieg noch schnell alle vier Türen, die vorderen Kotflügel und die „Malle Bombée" demontiert.

Zu dieser Zeit haben Fernreisen im 2CV allerdings schon eine gewisse Tradition. Den Anfang machen Michel Bernier und Jacques Huguier, die bereits 1951 mit ihrer Ente fünf Wochen rund ums Mittelmeer fahren und dabei ohne Panne insgesamt 13.588 km zurücklegen. Eine Leistung, die offensichtlich sogar den Hersteller neugierig macht: Nach der Rückkehr der beiden nach Paris lässt Citroën das weitgereiste Auto von seiner hauseigenen Entwicklungsabteilung bis auf die letzte Schraube zerlegen ...

Die von der Öffentlichkeit vielbeachteten Fernreisen tragen vor allem in den fünfziger und sechziger Jahren viel dazu bei, dass der anfangs belächelte 2CV den Ruf eines extrem zuverlässigen und belastbaren Autos erwirbt. So verwundert es nicht, dass Citroën auch in der 2CV-Werbung immer wieder auf die spektakulärsten Touren zurückkommen wird.

Das belgische Luxe-Armaturenbrett unterscheidet sich deutlich von der eher rustikalen Anmutung seines französischen Pendants.

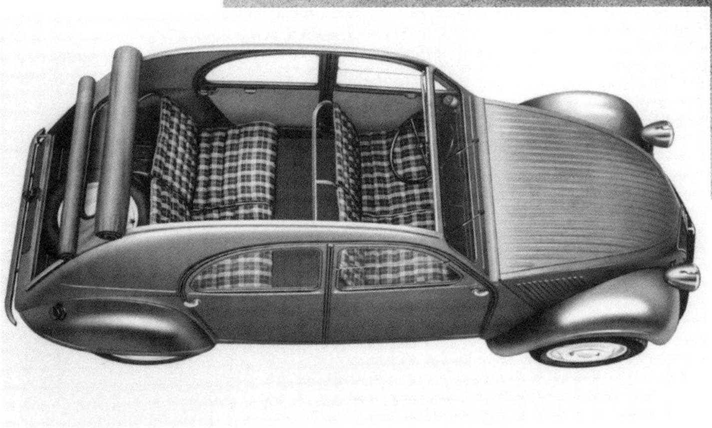

Oben: Noch einmal der 2CV von Jacques Cornet und Henri Lochon. Auf dem Bild sieht man sehr gut die „malle bombée" (Buckelkofferaumdeckel), ein in den Fünfzigern sehr beliebtes Accessoire.

Links: Mit den neuen Sitzen im damals modischen Schottenmuster kommt Anfang 1953 erstmals ein wenig Farbe in den Innenraum der Ente.

Außerhalb Frankreichs ist der 2CV jedoch vielen Menschen, die mit ihrem Auto einfach nur ins Büro fahren wollen, nach wie vor zu primitiv. Im Januar 1954 präsentiert Citroën Belux auf dem Brüsseler Automobilsalon deshalb eine „Luxe"-Version des 2CV. Die Idee zu einer gehobenen Ausstattungsvariante geht auf den Direktor des Werkes Forest, Raymond Pérée zurück, der damit eine Konsequenz aus den bis zu diesem Zeitpunkt eher bescheidenen Absatzzahlen in den Beneluxländern zieht. Intern läuft die „Luxe"-Version übrigens unter der Bezeichnung 2CV PA, wobei das PA für „Présentation Ameliorée" (= Verbessertes Erscheinungsbild) steht.

Der ab April 1954 an die Händler der Marke ausgelieferte 2CV AL sorgt dafür, dass sich die Verkaufsziffern in Belgien verdreifachen. Mit der eher rustikalen Anmutung des französischen 2CV hat die belgische Luxusversion kaum mehr etwas gemein: So wurde die Erscheinung der Brüsseler Edel-Ente mit breiten Stoßstangen aus poliertem Aluminium sowie mit gleichfalls aus Alu gefertigten Radkappen und Zierleisten aufgewertet. Die vielleicht wichtigste Verbesserung dürfte jedoch die serienmäßige Montage eines festen Kofferdeckels darstellen, der bis zur Karosserieunterkante reicht. Als hintere Blinker finden übrigens die Rückleuchten des Traction Verwendung, die auf den Kotflügeln montiert werden. Bei der Wahl der mittig auf dem flachen Kofferdeckel platzierten Rückleuchte – die gleichzeitig auch als Nummernschildbeleuchtung und Stopplicht dient – geht Citroën Belux allerdings fremd: Diese stammt nämlich ursprünglich von der Standard-Ausführung der BMW Isetta.

Wie alle ab April 1954 in Forest produzierten 2CV besitzt der AL ein großes trapezförmiges Heckfens-

Ein weiteres Bild, das dokumentiert, dass ab 1953 von einer Großserienfertigung gesprochen werden kann.

Mit dem Anfang 1954 von Citroën Belux präsentierten Luxusmodell AL verdreifachen sich in kürzester Zeit die Verkaufszahlen in Belgien. Im Bild ein sehr früher AZL mit 12 PS vom Herbst 1954.

ter, das die Sicht nach hinten deutlich verbessert. Die belgischen, luxemburgischen und niederländischen 2CV-Käufer haben zudem die Auswahl aus immerhin sechs verschiedenen Farbtönen – wobei übrigens auch die Basisversion sowie die Fourgonnette in diesen Farben geordert werden können. Die „Présentation Ameliorée" ist mit Sicherheit auch der Tatsache geschuldet, dass der 2CV in den Beneluxländern mit dem Käfer konkurrieren muss, der gleichfalls in Belgien montiert wird. Auf dem weitgehend von ausländischen Importen abgeschotteten französischen Markt spielt der Volkswagen jedoch keine Rolle.

Mit 12 PS zum Erfolg (1954 – 1956)

Technisch entspricht der 2CV zu diesem Zeitpunkt bis auf kleine Details noch immer der Version von 1949. In der Praxis hat sich mittlerweile jedoch längst gezeigt, dass die asthmatischen 9 PS des luftgekühlten Boxermotors vor allem in bergigen Regionen völlig unzureichend sind. Im Januar 1954 hält dies aber Michel Bernier und Jacques Duvey nicht davon ab, mit ihrem 2CV Pégasus an der Rallye Monte Carlo teilzunehmen, wobei das Ganze doch eher unter die Rubrik „Dabeisein ist alles" fällt. Zuvor sind die beiden mit ihrer 9-PS-Ente bereits vom Kap der guten Hoffnung nach Algier gefahren. Von dort aus setzen sie nach Marseille über, um nach einem kleinen Umweg über Oslo in Richtung Monaco aufzubrechen. Für Menschen, die weniger hart im Nehmen sind, bleibt die schwache Motorleistung jedoch der wunde Punkt des 2CV.
Im Oktober 1954 geschieht jedoch das Unfassbare. Obwohl Citroën im Allgemeinen nur sehr bedingt auf die Wünsche seiner Kunden eingeht, stellt die Marke auf dem Pariser Salon eine deutlich leistungsgesteigerte Version des 2CV vor. Der neue

Mit dem „Weekend“ präsentiert Citroën Belux im Frühjahr 1955 die erste und leider auch letzte Kastenente mit hinterer Sitzbank.

de „WEEK-END“ CITROËN
AZ 425
Traction Avant

LUXE MODEL TYPE AZUL

Garage J. van FRAASSEN
Nieuwstraat 19, Goes, Telef. 2744
Citroën-Agent Automobielen

Comfort

Vier personen zitten op hun gemak en kunnen de benen kruisen en uitsteken. De zachtheid der zetels en de buitengewone vering schakelen onbetwistbaar alle oneffenheden van de weg uit.

De zetels zijn gemakkelijk uitneembaar, men kan ze dus gebruiken als rustzetels bij camping.

Een brede reisgoedruimte met rechtstreekse toegang langs de achterdeuren is achter het bankje voorzien.

Benevens zijn groot comfort, biedt de « Week-End » verscheidene gebruiksmogelijkheden : door zijn brede zijruiten schenkt hij aan de reizigers van vóór- en achterplaatsen een gehele zichtbaarheid : door het wegnemen van de achterzetels hervormt men hem ogenblikkelijk in een bestelwagen 2 plaatsen — 2 m³ of 250 kg. — die zeer gemakkelijk geladen wordt.

Typ AZ besitzt einen auf 425 ccm aufgebohrten Motor, der bei 3500 U/min 12 PS leistet – eine Steigerung um 33%! Mit dem neuen Triebwerk erreicht der 2CV nun immerhin eine Höchstgeschwindigkeit von 80 km/h. Die Citroën-Techniker haben sich jedoch noch ein weiteres „Bonbon“ ausgedacht: Während die neue 12-PS-Fourgonnette AZU weiterhin mit einer konventionellen Kupplung vorlieb nehmen muss, wird der neue Typ AZ grundsätzlich mit einer Fliehkraftkupplung ausgeliefert. Letztere bewirkt, dass der Motor unterhalb von 1000 U/min automatisch auskuppelt, wodurch ein „Abwürgen“ des Motors unmöglich ist.
Bei der Fliehkraftkupplung, die vor allem das Fahren im Stadtverkehr erleichtert, handelt es sich eigentlich nur um eine Ergänzung der klassischen Einscheiben-Trockenkupplung, weswegen bei höheren Geschwindigkeiten eigentlich ganz normal geschaltet werden muss. Dass Letzteres allerdings nicht zwingend notwendig ist, beweisen die Tester der französischen Zeitschrift *„L´Automobile“* Im Dezember 1954. Die beiden Journalisten, die aufgrund der Fliehkraftkupplung das Gefühl haben, in einem „Elektroauto“ zu sitzen, fahren insgesamt 77 Kilometer im dritten Gang durch den Pariser Stadtverkehr, ohne ein einziges Mal das Kupplungspedal und den Schalthebel zu berühren.
Zum Modelljahr 1955 überarbeitet Citroën erstmals auch die selbst für französische Verhältnisse sehr reduzierte Signalanlage. Dies geschieht allerdings nicht aus plötzlicher Sorge um die Sicherheit der Kunden, sondern als Konsequenz daraus, dass mit Beginn des Jahres 1955 in Frankreich eine geänderte Straßenverkehrsordnung in Kraft tritt. Vorschriftsmäßig besitzen alle 2CV-Modelle fortan

Auf ins Wochenende mit dem AZUL „Weekend“: 1961 fotografiert Roger Lambert seine Verlobte vor dem „Weekend“-Kombi seines Vaters.

Die offene Federung ist so sehr Schmutz und Spritzwasser ausgesetzt, dass Citroën schon nach wenigen Monaten zur alten geschlossenen Version zurückkehrt.

zwei Rücklichter, von denen das linke gleichzeitig die bislang nicht vorhandene Stopplichtfunktion übernimmt – bis dato konnten französische 2CV-Eigner eigentlich nur darauf hoffen, dass der Hintermann intuitiv spürte, wenn gebremst wurde, oder wenigstens einen ausreichenden Sicherheitsabstand hielt ...

Künftig müssen beim Abbiegen auch keine Handzeichen à la Velosolex mehr gegeben werden: Ab Modelljahr 1955 besitzen französische 2CV nämlich erstmals Blinker, die seitlich hinter der C-Säule platziert werden. Dort sitzen sie ab Herbst 1954 auch bei den belgischen 2CV, die nun merkwürdigerweise gleichfalls mit nur einem Blinker pro Fahrzeugseite auskommen müssen.

Parallel zur Einführung des 12-PS-Motors wird das belgische „Luxe"-Modell, das nun AZL heißt, im Herbst 1954 weiter aufgewertet. So ergänzen Alusteinschlagecken und ein spezielles Lenkrad mit eingeprägtem Doppelwinkel die bisherige Ausstattung. Ende des Jahres wird schließlich die Federung vereinfacht: Anstelle der bisherigen geschlossenen Federtöpfe wird ein geändertes Federungssystem mit offenliegenden Federn montiert. Ein Fehler, wie sich in der Praxis schnell erweisen wird, da eine offene Federung sehr stark Spritzwasser und Schmutz ausgesetzt ist. Bereits im Mai 1955 wird Citroën deshalb zum alten System zurückkehren.

Im Frühjahr 1955 beweist das Citroën Werk in Forest ein weiteres Mal Kreativität. Ergänzend zur normalen Fourgonnette bietet Citroën Belux ab März eine Luxus-Version mit großen Seitenscheiben und hinterer Sitzbank an, den AZUL „Weekend". Die „Présentation Ameliorée" des grundsätzlich zweifarbig lackierten „Weekend"-Kombis entspricht dabei der des Limousinen-Modells AZL. Der Einstieg nach hinten erfolgt mittels eines Beifahrersitzes, der wie bei einem zweitürigen PKW nach vorne geklappt

Anders als in den Benelux-Ländern wird der „Weekend"-Kombi in Deutschland ein absoluter Exot bleiben.

werden kann. Um den hinteren Passagieren eine ausreichende Beinfreiheit zu gewähren, besitzt der Ladeboden eine Vertiefung für die Füße. Soll der „Weekend" als normaler Transporter genutzt werden, muss nur die hintere Sitzbank entfernt werden. Wendet man das lediglich eingelegte separate Bodenblech mit der Vertiefung, so erhält man zudem wieder eine ebene Ladefläche. Wie alle belgischen Kastenenten ab Modelljahr 1955 ist auch die AZUL-Version mit großen rechteckigen Heckfenstern ausgerüstet.

Erstaunlicherweise bleibt dem „Weekend"-Kombi allerdings ein größerer kommerzieller Erfolg versagt. Dies mag daran liegen, dass damals die Zeit für diesen Urahn der heutigen Minivans schlichtweg noch nicht reif ist. Ab Ende der fünfziger Jahre werden aber sowohl die Belgische als auch die Schweizer Post größere Flotten des praktischen Kombis anschaffen.

Im Mutterland des 2CV wird die Produktion der Fourgonnette im Sommer 1955 aus dem Stammwerk Levallois in das Panhard-Werk nach Ivry ausgelagert. Möglich macht das Ganze ein Kooperationsvertrag mit der Marke Panhard, die auf diesen Weg versucht, aus ihren finanziellen Schwierigkeiten herauszukommen.

Mitte des Jahres 1955 wird die Ausstattung der beiden belgischen Luxusmodelle AZL und AZUL ein weiteres Mal aufgewertet: Zur „Présentation Ameliorée" gehören nun ein spezielles Armaturenbrett sowie Ablagekästen in den Vordertüren. Einen erhöhten Komfort bietet der AZL sogar im Fall einer Reifenpanne. Anstatt umständlich den gesamten Kofferraum ausräumen zu müssen, kann das Reserverad fortan durch eine Aussparung im Heckblech entnommen werden.

Von solchem, fast schon bourgeoisen Luxus können französische 2CV-Käufer hingegen nur träumen. Einen Lichtblick gibt es allerdings zu vermelden: Seit Herbst 1954 werden im Mutterland des 2CV alle Modelle grundsätzlich in einem zumindest etwas freundlicheren „gris clair" (AC 132) ausgeliefert.

Ende 1955 präsentiert Citroën Belux den Typ AZC (C= Commerciale). Hierbei handelt es sich um eine multifunktionale Version des belgischen Basismodells AZ, das mit einem eingelegten zweiteiligen Ladeboden versehen wird, der bei ausgebauter hinterer Sitzbank eine 1,44 m lange Ladefläche ergibt. Über der Heckscheibe befindet sich ein Scharnier, das es erlaubt, die Scheibe nach oben zu klappen.

Insgesamt wird das Werk in Forest 1955 bereits 5655 Einheiten produzieren, während im Jahr zuvor noch gerade einmal 2930 Fahrzeuge gefertigt wurden. Im Aufwind befindet sich auch die Produktion im Stammwerk Levallois-Perret, deren Ausstoß sich zwischen 1954 und 1956 verdoppelt. Im Mai 1956 erhält der Frontscheibenrahmen beidseitig kleine Drainagen, so dass eingedrungenes Wasser über zwei seitliche Öffnungen abfließen kann. Eigentlich eine nette Idee, die aber auch beweist, dass es Citroën partout nicht möglich ist, eine Frontscheibendichtung einzubauen, die ihren Namen auch verdient.

Zwei Citroën-Arbeiter 1954 beim Zusammenbau einer Vorderachse.

Ein typisches Werbefoto der fünfziger Jahre, das den 2CV als ideales Familienauto präsentiert.

Mit Fotos wie diesem zielt Citroën bereits 1955 auf eine jugendliche Klientel.

Obwohl sich der 425-ccm-Motor äußerlich kaum von seinem Vorgänger unterscheidet, wurde fast kein Teil des 375-ccm-Triebwerks übernommen.

Mitte der fünfziger Jahre ändert sich der Stil der 2CV-Werbung. Erstmals engagiert Citroën sogar junge weibliche Models

Aufgrund der Montage von Blinkern zum Modelljahr 1955 muss ein zusätzliches Trägerblech angebracht werden, das die entsprechenden Schalter beherbergt.

Ein weiteres Motiv, das die weibliche Seite des 2CV unterstreicht.

Ende der 1950er Jahre wird ein Teil der Produktion in das Talbot-Werk ausgelagert, um das Stammwerk in Levalloes zu entlasten.

Mit 80 km/h um die Welt (1956 – 1958)

Ab Modelljahr 1957 bietet Citroën endlich auch für den französischen Markt eine gehobene Ausstattungsvariante des 2CV an. Beim AZL „à la Levallois" beschränkt sich der Luxus jedoch weitgehend auf die Montage von Zierleisten auf Motorhaube, Einstieg und Türen. Wirkliche Verbesserungen stellen jedoch die Montage eines links vom Armaturenbrett platzierten Defrosters und vor allem die vergrößerte Heckscheibe dar.
Obwohl der 2CV in Frankreich weiterhin ausschließlich in „gris clair" geliefert wird, haben die Käufer des Levallois-AZL nun

Fabrikneue Citroën 2CV AZL, die 1957/58 vor dem Talbot-Werk auf Renault-LKW verladen werden ...

Eine Heckansicht der im Herbst 1956 präsentierten französischen Luxe-Version

Im Gegensatz zum belgischen AZL fällt der Luxus à la Levallois eher bescheiden aus.

Mit der AZL-Version hat der französische Käufer nun wenigstens die Wahl zwischen verschiedenen Dach- und Sitzbezugsfarben.

In Italien thematisiert die 2CV-Werbung im wahrsten Sinne des Wortes das Spiel mit dem Feuer.

Ende der fünfziger Jahre wird der 2CV auch zum Zweitwagen für die Frau.

Zu dieser Zeit besteht noch die Möglichkeit, direkt am Seine-Ufer Werbefotos aufzunehmen.

Ein sehr schönes Werbefoto von 1958 mit viel französischem Flair

Obwohl Citroën 1958 das Finish der fertigen 2CV kontrolliert, wird damals noch recht sparsam mit dem Decklack umgegangen.

wenigstens bei den Sitzbezügen und beim Rolldach die Wahl zwischen den Farben grün und blau. Auch ansonsten kommt etwas mehr Farbe ins Spiel: Ab Modelljahr 1957 sind nämlich Lenkrad, Sitzgestelle, Armaturenbrett, aber auch der Lichtschalter und die Kugel des Schalthebels in „gris acier" (AC 121) gehalten. Bei der Technik präsentieren sich die Änderungen, die Citroën im Verlauf des Modelljahres vornimmt – wie gewohnt – eher überschaubar: Ab Mai 1957 ersetzt ein neuer Bremsflüssigkeitsbehälter aus Glas das bisherige Modell aus Metall. Als äußerst aktiv erweist sich jedoch erneut Jacques

Pierre Duverger fährt zwischen November 1957 und April 1958 insgesamt 17.000 Km durch Afrika.

Die Weltreise von Jean-Claude Baudot und Jacques Seguela erlangt nicht zuletzt aufgrund ihres Bestsellers „Rund um die Welt im 2CV" größere Bekanntheit als andere Fernreisen.

Fabrikneue 2CV, die 1960 darauf warten, in alle Teile des Hexagons verfrachtet zu werden.

In ihrem Mutterland Belgien ist die AZS-Version das beliebteste 2CV-Modell. Nach Deutschland wird diese zwischen Standard und Luxe angesiedelte Version jedoch nicht importiert.

Das junge Paar auf dem Foto verkörpert perfekt den damals bei Jugendlichen beliebten Existenzialisten-Look.

Ab 1959 besitzt das belgische „Grand-Luxe"-Modell spezielle hintere Kotflügel, die an der Unterkante leicht ausgeschnitten sind.

1965 bricht Bernhard Hofbauer mit einem AZL3-Modell von 1959 zu einer ausgedehnten Skandinavien-Tour auf. Wie häufig in dieser Zeit, wurde die Wellblechhaube nach einem Unfall durch ein damals aktuelles Teil ersetzt.

Cornet, der am 27. April 1957 von einer neunmonatigen Reise durch 21 Länder nach Paris zurückkehrt. Auf seiner Fahrt, die ihn diesmal durch Asien führte, hat er mit seinem neuen Beifahrer Georges Khim insgesamt 44.200 km zurückgelegt. Die Rückreise gestaltet sich allerdings als Parforce-Tour: Die beiden legen nämlich die 14.500 km lange Strecke von Bombay nach Paris quasi nonstop in nur 31 Tagen zurück, wobei sie sich alle vier Stunden am Steuer abwechseln.

Cornet und Khim verarbeiten die Eindrücke ihrer Reise in einem Buch mit dem etwas eigenartigen Titel „2 Hommes 2CV en Asie" (2 Männer 2CV in Asien). Die beiden sind zudem die ersten, die den von Citroën 1957 ins Leben gerufenen Preis für die interessanteste Fernreise im 2CV erhalten. Der mit 10.000 FF dotierte „Prix Tour du Monde" wird bis 1970 vergeben werden. Er würdigt Fernreisen, die sich über mehrere Tausend Kilometer erstrecken und durch verschiedensprachige Länder führen.

Zeitgeschichte 1951-1955

1951

- In Frankreich löst Henri Queuille am 10. März René Pleven als Regierungschef ab, um 5 Monate später seinerseits wieder René Pleven zu weichen.
- In Brüssel legt der neue König Baudouin I. am 17. Juli den Eid auf die Verfassung ab.
- In Paris wird am 18. April der Vertrag zur Gründung der Europäischen Gemeinschaft für Kohle und Stahl unterzeichnet (EGKS), der 1952 in Kraft treten wird.
- In der DDR beginnt der erste 5-Jahresplan.
- Die Bundesrepublik wird in den Europarat aufgenommen.
- In Ost-Berlin finden die 3. Weltjugendfestspiele statt.
- In Frankfurt Am Main eröffnet Bundespräsident Heuss die erste Nachkriegs-IAA
- In Köln öffnet die erste Photokina ihre Pforten.
- Der Film „Die Sünderin" mit Hildegard Knef sorgt in konservativen Kreisen für Aufruhr, da er angeblich Prostitution, Sterbehilfe und Suizid glorifiziert – außerdem ist die Hauptdarstellerin für einige Sekunden nackt zu sehen. Es kommt zu öffentlichen Protestaktionen vor Kinos und Störungen der Aufführungen.

1952

- Am 2. Januar werden bei Ford in Köln die ersten Autos produziert.
- In Paris wird der Vertrag zur Gründung einer Europäischen Verteidigungsgemeinschaft EVG unterzeichnet, der zu einer Wiederbewaffnung Deutschlands führen würde.
- Die USA zünden auf dem Eniwetok-Atoll die erste Wasserstoffbombe.
- In Oslo finden die VI. Olympischen Winterspiele statt (14. bis 25. Februar).
- In Helsinki finden die XV. Olympischen Sommerspiele statt (19. Juli bis 3. August).
- In Ost-Berlin beginnen die Bauarbeiten an der Stalinallee.
- Gegen die Stimmen der SPD ratifiziert der Bundestag den Vertrag zur Gründung der Montanunion.
- Die erste Ausgabe der Zeitung „Bild" erscheint am 24. Juni.
- In München werden im Juli die ersten Zebrastreifen für Fußgänger eingeführt.
- In beiden deutschen Staaten beginnt ein regelmäßiger Fernsehsendebetrieb.
- Der Roman „Der alte Mann und das Meer" von Ernest Hemingway erscheint.
- Das Theaterstück „Warten auf Godot" von Samuel Beckett wird veröffentlicht. Die Uraufführung erfolgt jedoch erst 1953.
- In Köln schlägt der Boxer Peter Müller, genannt „de Aap" während eines Mittelgewichtskampfes den Schiedsrichter K.O.

Frankreich

- ***In Frankreich wird Edgar Faure am 20. Januar neuer französischer Premierminister. Er löst den am 7. Januar zurückgetretenen René Pleven ab. Nach sechs Wochen tritt Faure zurück, um von Antoine Pinay abgelöst zu werden.***

1953

- In den Niederlanden und in Großbritannien sterben am 1. Februar insgesamt mehr als 2500 Menschen bei einer Flutkatastrophe.
- In Großbritannien wird Elisabeth II. am 2. Juni in der Westminster Abbey zur Königin gekrönt.
- In den USA werden Ethel und Julius Rosenberg wegen Spionage für die Sowjetunion hingerichtet.
- Nach dem Tod Joseph Stalins am 5. März 1953 wird Nikita Chruschtschow zum ersten Sekretär des Zentralkomitees der KPdSU.
- In den USA löst Dwight D. Eisenhower am 20. Januar Harry S. Truman als Präsident ab.
- In Paris feiert der Film „Les Vacances de Monsieur Hulot" von Jacques Tati Premiere.
- In der DDR kommt es in Ost-Berlin am 17. Juni zu Streiks, die in den kommenden Tagen auch auf andere Städte übergreifen. Der Arbeiteraufstand wird jedoch von sowjetischen Panzern niedergeschlagen, um einen Sturz der Regierung Ulbricht zu verhindern.
- Der Deutsche Bundestag verabschiedet ein deutsch-israelisches Wiedergutmachungsabkommen.
- Aus den Bundestagswahlen im September geht die CDU mit Kanzler Adenauer erneut als Sieger hervor.
- In Kassel wird die erste deutsche Fußgängerzone eingeweiht.
- Das Anwerben für fremde Militärdienste wird im Februar von der Bundesrepublik unter Strafe gestellt. Hintergrund ist der hohe Anteil von Deutschen in der französischen Fremdenlegion.

1954

- Am 6. Februar präsentiert Mercedes-Benz den 300 SL-Flügeltürer.
- Am 10. April wird in Frankreich die Mehrwertsteuer eingeführt.
- Mit dem am 12. April aufgenommenen Song „Rock around the clock" wird Bill Haley zum Vorreiter des Rock and Roll.
- Die französische Armee erleidet am 13. März in Dien Bien Phu eine schwere Niederlage gegen die Viet Minh.
- Ab April wird im Grenzverkehr zwischen der Bundesrepublik und Frankreich kein Visum mehr benötigt.
- Am 12. Juni löst Pierre Mendès France Joseph Laniel als Regierungschef ab.
- Mit dem Frieden von Genf endet am 20. Juli der erste Indochinakrieg.
- Die Gründung einer Europäischen Verteidigungsgemeinschaft (EVG) wird von der Französischen Nationalversammlung am 30. August abgelehnt.
- Am 23. Oktober wird mit den Pariser Verträgen die Wiederbewaffnung der Bundesrepublik sowie deren Beitritt zur Nato beschlossen. Die Verträge gelten auch als Friedensvertrag mit Frankreich.
- Im Oktober schließen Deutschland und Frankreich ein Kulturabkommen.
- Am 6. Dezember wird Simone de Beauvoir für ihren Roman „Die Mandarine von Paris" mit dem „Prix Goncourt" ausgezeichnet.

1955

- Am 2. Januar wird in der Bundesrepublik die Bundeswehr gegründet.
- Am selben Tag Feiert Robert Lembkes Ratespiel „Was bin ich?" im deutschen Fernsehen Premiere.
- Am 19. Januar erscheint die erste französische „Scrabble"-Ausgabe.
- Das erste europäische Überschallflugzeug, die französische Dassault Super Mystère, absolviert am 12. März seinen Erstflug.
- 10 Tage später steigt der französische Hubschrauber Alouette II erstmals in den Himmel auf.
- Am 23. März wird Edgar Faure zum neuen französischen Regierungschef gewählt.
- In Le Mans sterben am 11. Juni 84 Menschen, als der Mercedes Silberpfeil-Rennwagen des Franzosen Pierre Levegh in die Zuschauermenge rast.
- Am 15. Juli findet in Kassel die erste Documenta statt.
- Im kalifornischen Anaheim eröffnet am 17. Juli der erste Disneyland-Vergnügungspark.
- Am 5. August wird in Wolfsburg der 1.000.000ste Käfer produziert.
- Magirus-Deutz stellt im September den ersten Prototypen eines Frontlenker-LKW mit kippbarer Fahrerkabine vor, wie er später zum Standard wird.
- Im Oktober debütiert der neue Citroën DS auf dem Pariser Salon.

„Luxe"-Armaturenbrett eines frühen 2CV AZL3 von 1958

Im Oktober 1957 präsentiert Citroën auf dem Pariser Salon das neue Modell AZLP (P= Porte de Malle /Kofferdeckel), das erstmals in Frankreich ab Werk über einen festen Kofferdeckel verfügt. Bei dieser Gelegenheit ändert sich auch das Heckabschlussblech, das nun bei allen Limousinen-Modellen gewölbt ist. Für die zahlreichen französischen Zubehörhersteller bedeutet die serienmäßige Montage eines Kofferdeckels das Ende einer schönen Zeit – schließlich gehören die von verschiedenen Marken angebotenen Buckelkofferdeckel („malle bombée") bereits seit Produktionsbeginn des 2CV zu den beliebtesten Accessoires. Beim französischen AZL ergänzt darüber hinaus zum Modelljahr 1958 die Variante rotes Rolldach mit roten Sitzen die bisherige Auswahl. Mit einem Jahr Verspätung erhält nun auch die französische Basisversion AZ ein kunststoffbeschichtetes Rolldach mit großer Heckscheibe. Der Kunde hat auch hier die freie Farbwahl, vorausgesetzt er wählt grau ...
Rechtzeitig zum Jahr der Weltausstellung präsentiert Citroën Belux im Dezember 1957 sein neues „Grand-Luxe" Modell AZL3 mit drittem Seitenfenster. Neben vom Vorgänger-Modell AZL übernommenen Accessoires – spezielles Lenkrad, Ablagekästen in den Vordertüren, großes Armaturenbrett, Alusteinschlagecken und Radkappen – zeichnet sich die AZL3-Version vor allem durch ihr klappbares Heckabschlussblech aus. Letzteres dient dazu, im Pannenfall einen bequemen Zugriff auf das Reserverad zu haben. Das bisherige belgische AZL-Modell wird in geringfügig vereinfachter Form mit als AZLS (AZ „Luxe Simplifiée") beziehungsweise AZS weitergebaut. Obwohl der „vereinfachte Luxus" des AZS-Modells belgischen Käufern offensichtlich so sehr genügt, dass diese Version in ihrem Mutterland zum beliebtesten 2CV-Modell avanciert, wird sie kaum exportiert. 1958 wird der 2CV schließlich in fast allen europäischen Ländern angeboten. Ein Land ist zu dieser Zeit allerdings noch weitgehend Enten-frei ...

Der 2CV kommt nach Deutschland (1958)

Ende der fünfziger Jahre laufen in der Bundesrepublik so gut wie keine 2CV, da Citroën Deutschland zu dieser Zeit ausschließlich die D-Modelle anbietet. Eine Ausnahme bildet lediglich das Saarland, das zwar am 1. Januar 1957 zum zehnten Bundesland wird, aber noch bis Sommer 1959 zum französischen Zoll- und Wirtschaftsgebiet gehört. Dies führt dazu, dass sich der dortige Fahrzeugbestand im Wesentlichen aus französischen Marken rekrutiert. Aus diesem Grund wird das Saarland übrigens noch bis weit in die sechziger Jahre hinein als Geheimtipp bei der Suche nach einem gebrauchten 2CV gehandelt werden.

Auch diese Ente von 1958 stammt ursprünglich aus Belgien. Karl Kritzler erwirbt sie – mit neuer Haube – 1965 während seines Studiums in Aachen.

Dieses Faltblatt zeigt den 2CV in der in Deutschland ab Anfang 1959 unter der Bezeichnung Luxusausführung angebotenen AZL3-Version.

2 CV AZL 3

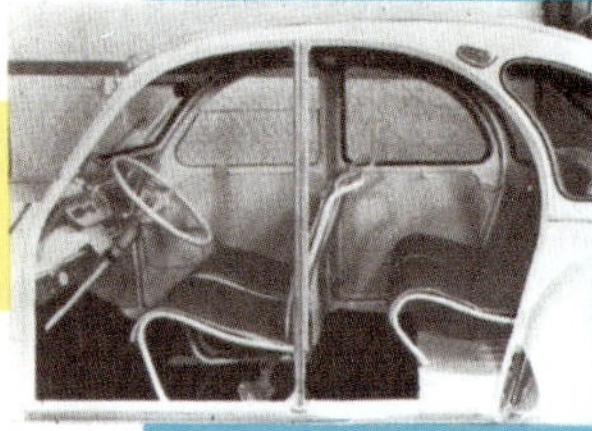

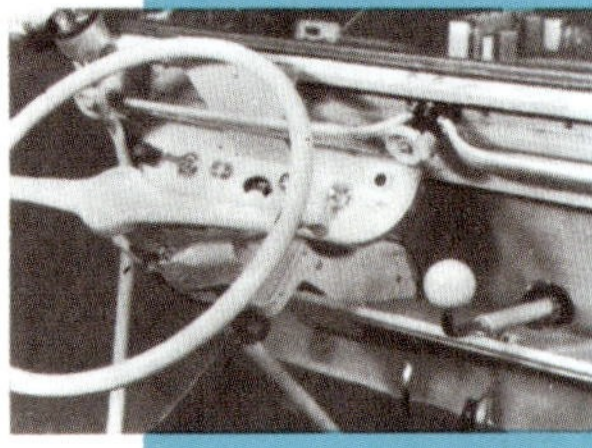

KOMFORTABEL

4 Personen finden auf den aussergewöhnlich bequemen Sitzen ausreichend Platz und können ihre Beine gemütlich strecken. Alle Insassen geniessen, dank der einzigartigen Federung und Strassenhaltung, einen unvergleichbaren Fahrkomfort.
Die verstellbaren Vordersitze und die hintere Sitzbank sind leicht herausnehmbar, was zum Beispiel deren Verwendung als Ruhe-Fauteuils beim Camping ermöglicht.
Im Sommer verfügen die Insassen, dank der ausgezeichneten Lüftung, über angenehme Frische und im Winter, dank der wirkungsvollen Heizung, über grosse Wärme. Lüftung und Heizung sind regulierbar.
Der 2 CV ist ganz oder teilweise abdeckbar, womit er ausser dem grossen Komfort zusätzlich noch die verschiedensten Verwendungsmöglichkeiten bietet.

PRAKTISCH

Wenn der rechte Vordersitz herausgenommen wird, verfügt man über eine Innenlänge von 2,50 m, eine Ladefläche von 2,20 m2, sowie einen Nutzraum von 2 m3 und eine Nutzlast von 250 kg zuzüglich dem Fahrer.
Müssen ganz grosse Gegenstände transportiert werden, so kann man diese oben oder hinten über die Karosserie hinausragen lassen, indem man entweder das Dach aufrollt oder den abnehmbaren Kofferdeckel wegnimmt.

DAUERHAFT

Infolge seiner robusten Bauart ist der 2 CV unverwüstlich. Alle mechanischen Organe sind mehr als nur ausreichend berechnet. Die Qualität der verwendeten Metalle, die absolute Genauigkeit der Fabrikation und die strengen Kontrollen machen zudem aus dem 2 CV einen würdigen Vertreter der fortschrittlichen Technik von Citroën.

HOHE DURCHSCHNITTE

Beladen mit 4 Personen und 50 Kg Gepäck können auf guter Strasse Durchschnitte von 60 bis 70 km/Std. erzielt werden. Dank dem Schnellgang, erreicht man in der Ebene bis zu 80 km/Std. Der 2 CV ist zudem überaus bergfreudig und bezwingt alle grossen Pässe Europas.

SPARSAM

Der Anschaffungspreis ist sehr bescheiden. Beim Gebrauch und im Unterhalt aber sieht man am besten, wie sparsam er ist: Benzinverbrauch 5 bis 6 Liter auf 100 km; Motor-Oelwechsel 2 Liter; 4 Schmier-Nippel. Die Auslagen für Steuer, Versicherung, Waschen usw. sind ebenfalls an der untersten Grenze.

HAUPTSÄCHLICHSTE MERKMALE

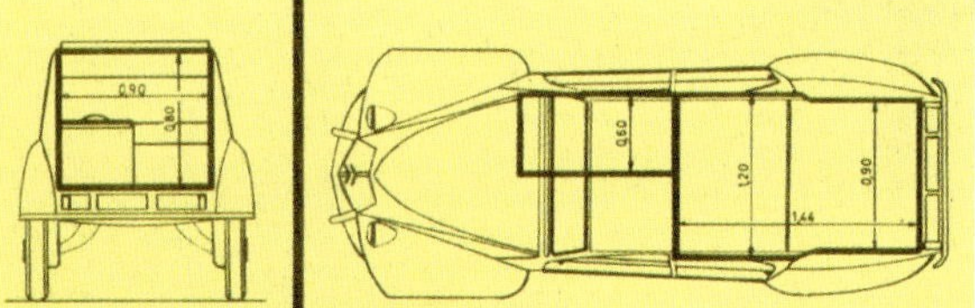

2 CV Typ AZL 3 - 4-takt-Motor - 425 cm3 - 2 Zylinder gegenüberliegend - Luftkühlung - 4 Vorwärtsgänge (2., 3. und 4. synchronisiert) - 1 Rückwärtsgang - Fliehkraftkupplung - Batterie 6 V, 50 Ah - Scheinwerfer während der Fahrt verstellbar - hydraulische 4-Rad-Bremse - Pneus Pilote 125 x 400.

Propagande 10 036 - Made in France
Imp. Maulde et Renou, Paris (9-58)

Einer der ganz seltenen deutschen 2CV-Prospekte, der den seit März 1955 in Forest produzierten AZUL „Weekend“ ausführlich präsentiert.

2 CV AZUL

" Week-end "

KOMFORTABEL

Je nach Wunsch wird er zum bequemen 4-Plätzer mit gewölbten Seitenscheiben oder zum Lieferwagen mit grossem Nutzraum.
Die hintere Sitzbank kann leicht herausgenommen werden, und der rechte Vordersitz ist nach vorne umlegbar. Der grosse Kofferraum befindet sich hinter der rückwärtigen Sitzbank und ist durch die Hintertüre direkt zugänglich.
Neben dem sprichwörtlichen Komfort bietet der « Week-End » mehrere zusätzliche Verwendungsmöglichkeiten. Die Insassen besitzen, dank den grossen Seitenscheiben, sowohl auf den vorderen als auch auf den hinteren Sitzen eine vollständige Rundsicht. Wird die hintere Sitzbank herausgenommen, so steht der « Week-End » sofort als zweiplätziger Lieferwagen mit leichtem Zutritt, 2 m3 Nutzraum und 250 kg Nutzlast zur Verfügung.

PRAKTISCH

Speziell geschaffen für die Arbeit und das Vergnügen, offeriert der « Week-End » alle Annehmlichkeiten eines Personenwagens und alle Vorteile eines Lieferwagens. 4 Personen mit all ihrem Gepäck finden für die Reise, das Camping oder die Spazierfahrt ausreichend Platz und verfügen ausser dem vorzüglichen Fahrkomfort über grosse Sicherheit und eine einzigartige Rundsicht.

DAUERHAFT

Besonders ausgedacht für den Transport zerbrechlicher Waren, sind teure Spezialverpackungen, dank der weichen Aufhängung, überflüssig.
Der « Week-End » besitzt die technischen Merkmale des Kastenwagens AZU. Er ist ein ausserordentlich solides und unverwüstliches Fahrzeug.

HOHE DURCHSCHNITTE

Beladen mit 4 Personen und 50 kg Gepäck können auf guter Strasse Durchschnitte von 60 bis 70 km/Std. erzielt werden. Dank dem Schnellgang, erreicht man in der Ebene gute 75 km/Std. Als Lieferwagen verwendet, beträgt die Nutzlast 250 kg zuzüglich dem Fahrer.

SPARSAM

Mit einem Benzinverbrauch von nur 5 bis 6 Litern ist er eines der sparsamsten Fahrzeuge der Gegenwart; Motor-Oelwechsel 2 Liter; 4 Schmier-Nippel.

HAUPTSÄCHLICHSTE MERKMALE

CITROËN

Auskunft und Probefahrt

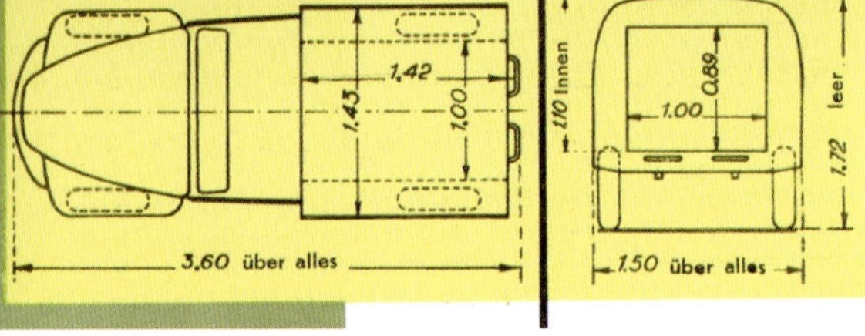

2 CV Typ AZUL - 4-takt-Motor - 425 cm3 - 2 Zylinder gegenüberliegend - auswechselbare Büchsen - Luftkühlung - 4 Vorwärtsgänge (2., 3. und 4. synchronisiert) - 1 Rückwärtsgang - Batterie 6 V, 50 Ah - Scheinwerfer während der Fahrt verstellbar - hydraulische 4-Rad-Bremse - Pneus Pilote 135 x 400.

Erst ab 1958 bietet Citroën den 2CV endlich im gesamten Bundesgebiet an. Obwohl für dieses Jahr leider keine Verkaufszahlen vorliegen, ist davon auszugehen, dass sich diese angesichts des unverhältnismäßig hohen Listenpreises von 4750 DM eher auf homöopathischem Niveau bewegen.

Wie absurd hoch dieser Preis ist, zeigt sich im Vergleich mit anderen PKW-Modellen: Für 4750 DM gibt es 1958 bereits ein „richtiges Auto“ wie die Renault Dauphine. Ein VW 1200 „Export“ mit Schiebedach – damals in Deutschland Maß aller automobilen Dinge – schlägt mit gerade einmal 100 DM mehr zu Buche. Einen ähnlich spartanisch wie die Ente anmutenden Standard-Käfer gibt es damals bereits für unter 4000 DM. Ein Verkauf in großem Stil wäre zu dieser Zeit für die deutsche Citroën-Vertriebsgesellschaft ohnehin nicht möglich, da der 1952 bezogene Gebäudekomplex in Köln-Lindenthal aufgrund der beengten Platzverhältnisse die Bereitstellung größerer Neuwagenkontingente gar nicht erlauben würde.

Hinzu kommt, dass Citroën in Deutschland nur über ein sehr lückenhaftes Händlernetz verfügt. Obwohl die Zahl der Vertragshändler allein zwischen 1957 und 1959 von 47 auf immerhin 85 ansteigt, kann kaum von einem flächendeckenden Vertrieb gesprochen werden. Unter diesen Bedingungen verwundert es auch nicht, dass Citroën 1958 insgesamt gerade einmal 1992 PKW verkaufen kann. Der Citroën-Anteil an den Neuzulassungen liegt damit bei äußerst bescheidenen 0,29 %.

Die Reputation der Marke ist jedoch besser, als es die Verkaufszahlen vermuten lassen. Das beruht unter anderem darauf, dass die Traction-Modelle zu dieser Zeit immer noch einen exzellenten Ruf genießen. Viele Autofahrer erinnern sich damals auch noch an die zwischen 1927 und 1935 im rechtsrheinischen Poll gefertigten „deutschen“ Citroën.

Oben: Aufgrund des fehlenden Angebots an gebrauchten 2CV, werden noch bis weit in die sechziger Jahre hinein Enten aus dem Saarland oder aus dem benachbarten Ausland importiert. Der abgebildete AZS kommt 1965 aus Belgien nach Aachen.

1958 ist es aber vor allem die seit zwei Jahren importierte DS, die Citroën Deutschland zwar keine überragende Marktposition, aber zumindest allgemeine Beachtung und vielerorts sogar aufrichtige Bewunderung einbringt. Die Fahrsicherheit der „Göttin“ gilt als derart vorbildlich, dass sich sogar das *Zentralblatt für Verkehrsmedizin* mit „dem Phänomen DS19“ beschäftigt.

Bereits ab Sommer 1958 erscheinen in fast allen namhaften Automobilzeitschriften ausführliche Artikel über ein Auto, das die meisten Deutschen bislang nur vom Hörensagen oder aus der sporadischen Berichterstattungen der vergangenen Jahre kennen.

Auch in Deutschland erfreut sich die DS einer hohen Aufmerksamkeit. Kein Wunder also, dass sie 1959 mit dem Kölner Dom im Hintergrund das Deckblatt dieser Broschüre ziert.

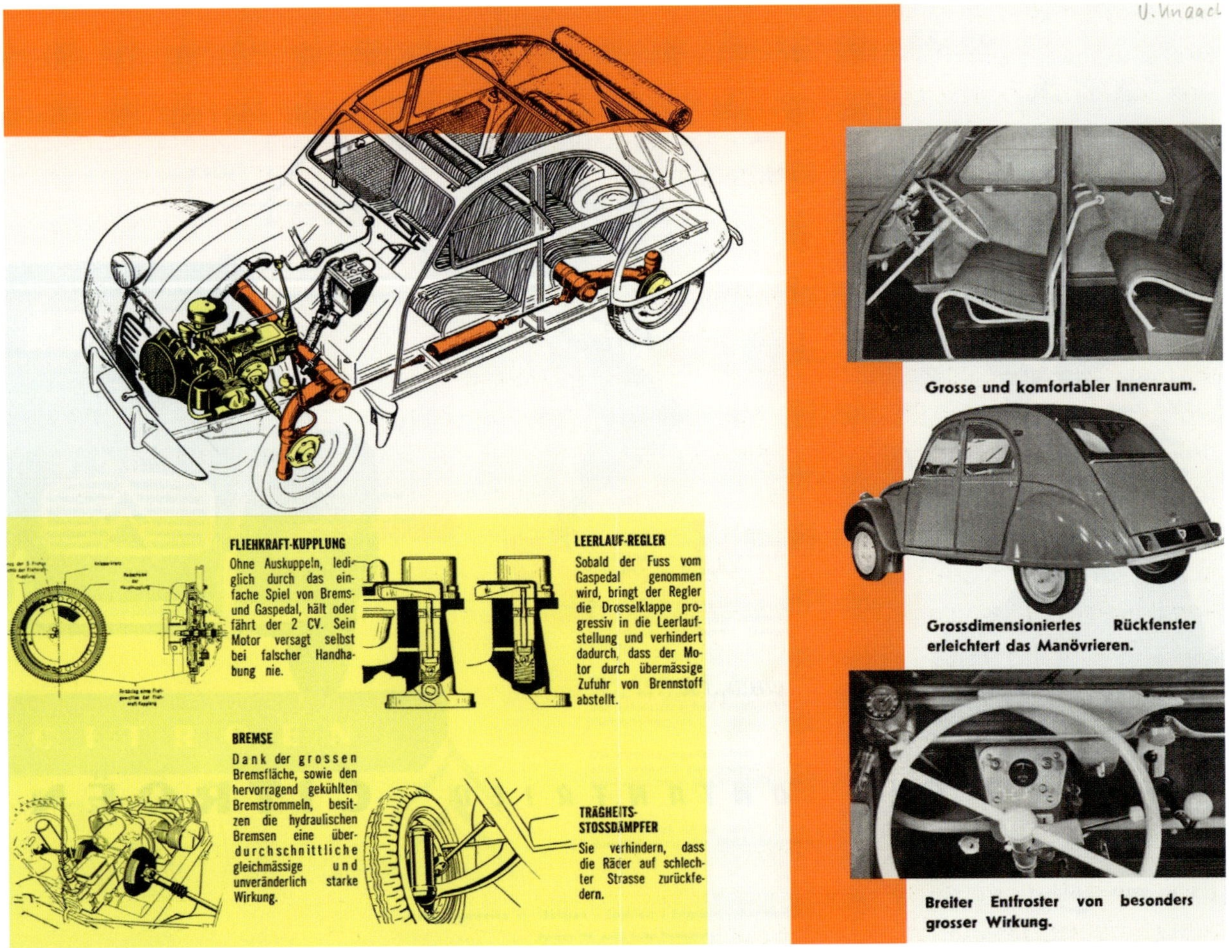

Mit dem Eintritt des neuen Verkaufsleiters Charles Gautrelet beginnt die Marke Citroën ab Mitte der Fünfziger endlich wieder zeitgemäße Werbung zu gestalten. Ein schönes Beispiel ist dieser 2CV-Prospekt aus dem Jahre 1961, der erstmalig 1958 auf Deutsch erscheint.

Die Markteinführung des 2CV in Deutschland gestaltet sich jedoch schwieriger als in anderen europäischen Ländern. Weit mehr als in Frankreich oder den Beneluxländern dienen nämlich in der Bundesrepublik des „Wirtschaftswunders" Autos als Barometer für sozialen Status und beruflichen Erfolg. Die noch wenige Jahre zuvor gehegten und gepflegten Vorkriegsautos, aber auch die typischen „Rollermobile" der fünfziger Jahre gelten in Zeiten des neuen Wohlstands zunehmend als Gefährt für Menschen, die sich kein „richtiges" Auto leisten können.

Selbst der wortgewandte Auto-Feuilletonist und bekennende „Citroënist" Alexander Spoerl, dessen Artikel entscheidend zum Erfolg der DS in Deutschland beigetragen haben, hat damals gewisse Schwierigkeiten, dem deutschen Publikum das „hässlichste Auto der Welt" nahezubringen. So schreibt Spoerl im Oktober 1958 im *Stern* über den „Jeep des zivilen Alltags": „Wer sollte sich so etwas kaufen? Dieses Auto ist bei uns nämlich viel zu teuer: 4750 Deutsche Mark. Dafür kann man weiß Gott Luxuriöseres haben. Aber etwas so Praktisches?

Warum schütteln die Leute auf der Straße erst die Köpfe, wenn sie neben dem 2CV stehenbleiben, und warum kommen sie immer wieder zurück und betrachten ihn von allen Seiten und werden ungewiss in ihrem eigenen Urteil? Ich würde ihn mir nur kaufen, wenn ich gerade noch Geld hätte, aber voraus wüsste, dass ich bald sehr wenig Geld haben würde. Denn dies ist ein Auto, für das man Geld ausgibt, aber später auch viel spart. Dies ist keine Liebste, das ist eine Gefährtin. Das ist keine Angabe, sondern Lebenskunst." (*Der Stern* 43, 25. Oktober 1958).

Obwohl Spoerl geschickt argumentiert, kann er den Kern des Problems nicht lösen: Der 2CV ist den meisten Deutschen schlichtweg zu primitiv und vor allem zu hässlich. In einer Zeit, in der selbst eine BMW Isetta gemeinhin nur in der Exportversion mit Zweifarblackierung und Chromschmuck gekauft wird, wirkt das schmucklose Äußere des 2CV für den deutschen Durchschnittsgeschmack fast schon wie eine Provokation.

In der Berichterstattung der deutschen Zeitschriften kontrastieren die sich ständig wiederholenden Hinweise auf die vermeintliche Hässlichkeit der „Fahrmaschine" jedoch in seltsamer Weise mit einer ebenso durchgängig zu findenden Bewunderung für die konstruktive Leistung der französischen Ingenieure.

So stellt Dr. Hans Woltereck schon 1950 in *Das Auto* fest: „Alles in allem: trotz seiner Hässlichkeit und Primitivität ein zweifellos hochinteressantes Fahrzeug! Man darf wohl mit Recht darauf gespannt sein, ob es sich gegenüber der eleganteren, nicht wesentlich teureren Konkurrenz bei seinen offensichtlich praktischen Vorzügen auf Dauer durchsetzen wird."

Nicht gerade zimperlich zeigt sich Anfang der fünfziger Jahre der *Spiegel*. Entrüstet stellt das Nachrichtenmagazin im Oktober 1952 fest: „Der 2CV ist äußerlich wahrscheinlich der hässlichste Wagen, den es auf der Welt gibt." Und weil dies offensichtlich noch nicht genügt, um die geballte Abscheu des Autors über die ästhetischen Unzulänglichkeiten des kleinen Citroën auszudrücken, bezeichnet er ihn abschließend auch noch als „eine Mischung aus Sardinenbüchse und Bedürfnisanstalt". Doch auch der Spiegel kommt nicht umhin, die technischen Qualitäten des 2CV zu loben.

Etwas diplomatischer präsentiert sich im Sommer 1954 *auto motor und sport*, deren Testbericht mit „Hässlich, aber ingeniös! Der Citroën 2CV – eine Meisterleistung der Ingenieurskunst" überschrieben ist.

ams kommt zu dem Schluss, dass der 2CV zwar „gewiss kein Rennwagen, seinem Äußeren nach auch kein Adonis, aber seiner ganzen Konzeption nach eine außerordentlich gelungene, das Kleinwagenproblem von vielen Seiten her zweifellos mustergültig lösende Schöpfung französischer Ingenieurskunst" sei. Bei so viel Lob verzeiht man der Zeitschrift sogar, dass sie den 2CV aufgrund seines Äußeren in der Einleitung äußerst despektierlich als „hässliche Chausseewanze" bezeichnet hat ...

Mit „Monpti" auf der IAA in Frankfurt (1959)

Obwohl am 1. Januar 1959 der Importzoll auf französische Autos um immerhin 10% gesenkt wird, wirkt sich dies zunächst nicht auf den völlig überzogenen Verkaufspreis des 2CV aus. Anfang 1959 greift die *ADAC-Motorwelt* das leidige Thema erneut auf, um zu einem Rundumschlag gegen den 2CV auszuholen. Der Artikel mit dem Titel „Citroën 2CV. Das hässliche Entlein" lässt im Grunde kein gutes Haar an der „Fahrmaschine", der jegliche Chancen auf dem deutschen Markt abgesprochen werden. So heißt es bereits im ersten Absatz: „Diese Fahrmaschine hat in Deutschland keinen Markt und wird auch gar nicht ernsthaft angeboten, denn soviel mattgrau gelackte Hässlichkeit verkauft sich für etwa 4750 DM schlecht, wenn überhaupt" (*ADAC Motorwelt* 2/59). Hinsichtlich der Technik hält die *ADAC-Motorwelt* den 2CV für überholt, auch wenn sich die „Volkesstimme" – eine freundliche Umschreibung für die unqualifizierte Sichtweise von technischen Laien – diesbezüglich immer noch beeindruckt zeigen sollte. Interessanterweise wird sich ausgerechnet das Vereinsorgan des größten deutschen Automobilclubs fünf Jahrzehnte später rühmen, den Erfolg des 2CV richtig vorausgesagt zu haben ...

Nur kurze Zeit später senkt Citroën Deutschland den Verkaufspreis drastisch. Einen 2CV in „Standardausführung" gibt es nun schon für 3650 DM. Erstmals wird jedoch auch eine „Luxusausführung" angeboten. Den zusätzlichen Luxus des belgischen AZL3-Modells – das seit Modelljahr 1959 spezielle hintere Kotflügel und vergrößerte Chromradkappen besitzt – lässt sich Citroën allerdings mit einem Aufpreis von immerhin 300 DM honorieren.

Die „Picture Disc", mit dem Lied vom „Lelijke Eendje", kann 1960 in den Niederlanden für 36 NL-Cent beim Citroën-Händler bestellt werden.

Hier die sehr schön gestaltete B-Seite der Picture-Disc.

Im Grunde kann eigentlich erst mit dieser Preissenkung von einer ernsthaften Markteinführung des 2CV in Deutschland gesprochen werden. So sieht es auch die *Motor-Rundschau*, die im März 1959 verkündet: „Der Citroën „2CV" rollt an!" (M-R. 5/59). Für sie gewinnt der 2CV erst mit der Preissenkung an Bedeutung für den deutschen Markt – eine Meinung, die einstimmig auch von anderen deutschen Automobilzeitschriften geteilt wird.

Im Mai 1959 wird übrigens bei allen Modellen die Heizung überarbeitet – was allerdings nichts daran ändert, dass Enten weiterhin eher für die Cote d´Azur als für strenge deutsche Winter gebaut sind. Als Folge der neuen Heizung müssen zudem sowohl die Luxusausführung AZL3 als auch der „Weekend"-Kombi auf ihr spezielles Armaturenbrett verzichten.

Doch noch einmal zurück zum 2CV-Testbericht der *ADAC-Motorwelt*. Sicherlich sehr zum Missfallen der deutschen Vertriebsgesellschaft, die angesichts der deutschen Mentalität mit dem eigenwilligen Äußeren des 2CV eigentlich schon genug gestraft ist, ist dieser nämlich mit „Citroën 2CV. Das hässliche Entlein" überschrieben. Rückblickend lässt sich leider nicht verbindlich sagen, ob der Titel eine hierzulande – zumindest regional – bereits gebräuchliche Bezeichnung für den 2CV aufgreift, oder ob es vielleicht sogar die auflagenstarke *Motorwelt* ist, die ihrerseits diesen Begriff in Deutschland erst populär macht – letztlich dürfte die Wahrheit irgendwo in der Mitte liegen.

Fest steht nur, dass der Name „hässliches Entlein" mit hoher Wahrscheinlichkeit aus den Niederlanden importiert wird. Angeblich ist es ein niederländischer Journalist, der 1948 den neuen 2CV – in Anspielung auf das gleichnamige Märchen von Hans Christian Andersen – als „das hässliche Ent-

Der auf der Platte abgedruckte Text, stammt aus der Feder der bekannten Kinderbuchautorin Annie M. G. Schmidt.

lein von Citroën" tituliert. Bereits Mitte der fünfziger Jahre scheint „lelijke Eendje" (hässliches Entlein) in den Niederlanden eine durchaus übliche umgangssprachliche Bezeichnung für den 2CV zu sein. In selbstironischer Weise wird die an sich eher despektierliche Benennung damals auch

geweldig - die deltawerken . . .

„Daar moeten we 'ns heen!" zei jk vastbesloten, toen ik de zoveelste reportage over de Deltawerken had gelezen, „ze verrichten daar iets gigantisch waarbij vergeleken de afsluiting van de Zuiderzee kinderspel is - en wat weten we ervan? Je 'leest erover, je ziet er foto's van, je hoort dat het honderden miljoenen guldens kost - maar zolang je 't niet zelf gezien hebt blijft het net zoiets vaags als de Grote Chinese Muur, terwijl het notabene in ons eigen land gebeurt". „'t Zou reuze goed zijn, voor de kinderen vooral, om dat 'ns te zien", zei mijn vrouw. „Weet je wat: gaan jullie met z'n viertjes, dan blijf ik met baby thuis". Aldus geschiedde.

Begeleid door 'n vriendelijk najaarszonnetje reed ons lelijke eendje ons op woensdagmiddag naar Zeeland. De motor neuriede tevreden, de kinderen waren in een uitgelaten stemming en ik bedacht hoe fijn 't zou zijn als m'n baas me elke week een snipperdag zou geven. Zo vlogen de kilometers voorbij - gas op de plank op de grote wegen, zachtverend pont op en pont af. Om half vier waren we in Veere, dat mooie oude stadje, waar we even stopten voor limonade. „Krijg ik patat friet?" vroeg Carla. „Straks", zei ik, „straks". Op weg naar Vrouwenpolder kwamen we langs de werkhaven waar het bouwmateriaal (op de wal) en het baggermaterieel (in het water) ligt. Vandaar konden we zien, dat ze al flink op streek zijn met de dijk tussen Walcheren en Noord-Beveland, sluitstuk van het Drie-Eilanden-Plan. „Laten we er heen gaan", zei Henk, „fijn, bulldozers - brrroem, brrroem! ! Misschien mag ik wel even".

Zo ploegde onze 2cv even later onverstoorbaar over de zand- en kleimassa's, lachend nagekeken door de noeste werkers aan de dijk. „Pas maar op, straks zit u vast", riep de machinist (of is het chauffeur?) van een bulderende aardverschuiver, „en we worden hier niet betaald om pottekijkers uit de klei te sjorren". „Geen nood!" riep ik terug, „'n 2cv rijdt overal - weg of geen weg, daar hebben wij echt geen bulldozer voor nodig!" „Ik dacht altijd dat ze een dijk maakten met zandzakken", zei Els, terwijl we neerstreken om te zien hoe de derde van de vier lagen asfalt van de dijk werd uitgerold. „Dat dacht ik ook", zei Henk. „Dan weten jullie nu wel beter", zei ik, „en wat je eenmaal gezien hebt vergeet je nooit meer". „Krijg ik nu patat friet?" vroeg Carla.

2cv

f 3987.-

AUTOMOBILES CITROËN N.V. · STADIONPLEIN 26-30 · AMSTERDAM · TEL. 790222

Nr. 42 - 59

HA HA,

meneer is 'n grappenmaker!

zei de kerstbomenman

„Over 'n uur sluit de markt", zei mijn vrouw 'n tikje verwijtend, „en we hebben nog steeds geen kerstboom voor de kinderen". Daarom stapte ik als rechtgeaard huisvader in m'n 2cv en reed naar de markt. „Tja, U bent wat laat, hè", zei de kerstbomenman, „ik heb alleen nog deze grote" en hij wees op een reus van een kerstboom. „3 knaken, want ik raak 'm toch niet meer kwijt". Ik schatte het gevaarte en zei „goed, ik gooi even de kap open, als U dan even wilt helpen de boom erin te tillen." De man keek alsof hij het in Keulen hoorde donderen. „Dáárin?" bracht hij uit, wijzend op m'n lelijk eendje, „haha, dat redt U nóóit!" Maar even later stònd de boom in mijn 2cv en reed ik weg, de kerstbomenman totaal beteuterd achterlatend. Wat 'n bekijks had ik! „'t Achtste wereldwonder!" hoorde ik iemand roepen. Plotseling bedacht ik dat onze voorraad kerstballen-enzo natúúrlijk niet berekend was op zo'n enorme boom, dus ik stopte ergens om er wat bij te kopen. Toen ik de winkel uitkwam was er 'n hele oploop om m'n trouwe 2cv. „Prima wagentje", zei 'n meneer, „ik heb er zelf ook een, maar zoiets heb ik er nog nooit mee uitgehaald". Ik zette de doos met glazen bollen in 't bagageruim. „Wedden dat dat aan gruzelementen gaat?" zei een pessimist. „Pardon, U onderschat de opzienbarende vering", zei ik, en toen ik thuis kwam had ik de weddenschap natuurlijk gewonnen. De „oh's" en „ah's" waren niet van de lucht. M'n kinderen zagen hun vader als 'n triomfator, die in z'n 2cv als glorieuze trofee de grootste kerstboom thuisbracht van de hele buurt.

Elke dag, overal, onder alle omstandigheden, ondervinden bezitters van 'n Citroën 2cv hoe verbluffend veelzijdig hun wagen is - en hoe hun „lelijke eendje" prestaties levert waar iedereen van opkijkt. Bekend om z'n zuinigheid, z'n ruimte en z'n comfort, is de Citroën 2cv de echt praktische gezinsauto, een voortdurende bron van genoegen. Iedere Citroën-dealer zal U er graag alles over vertellen en U uitnodigen voor 'n alleszins verrassende proefrit.

Weet U niet welke van de 82 Citroën-dealers 't dichtst bij U gevestigd is?

Vraag 't even aan: Automobiles Citroën N.V., Stadionplein 26-30, Amsterdam. Tel. 790222

Nr. 51 - 17

Egal was Citroën Nederland Ende der fünfziger Jahre zum 2CV veröffentlicht, das „lelijke Eendje" ist immer dabei.

Wer Ende der fünfziger Jahre in den Niederlanden eine neue Ente kauft, bekommt auch eine kleine Ente aus Styropor dazu.

vom niederländischen 2CV-Club aufgegriffen, der seine – übrigens ausgesprochen professionell gestaltete – Clubzeitschrift *Het lelijke Eendje* („Das hässliche Entlein“) tauft.

Eines der Mitglieder dieses „Lelijke Eendje“-Clubs, wie er zumeist genannt wird, ist der junge Graphiker Karel Suyling, der ab 1954 für Citroën Nederland so ziemlich alles, angefangen von der Weihnachtspostkarte bis hin zum Messestand auf der niederländischen Automobilmesse RAI gestaltet. Ende der Fünfziger Jahre beschließen der Direktor von Citroën Nederland, JJ. Froissart und Karel Suyling das „lelijke Eendje“ einer Imageaufwertung zu unterziehen. Aus dem „hässlichen Entlein“ soll zwar kein stolzer Schwan, aber dafür ein umso sympathischeres Auto werden. So kommt es, dass

Zeitgeschichte 1956-1960

1956

- Am 24. Januar löst Guy Mollet Edgar Faure als Regierungschef ab.
- Am 25. Januar erscheint die Dauphine von Renault.
- Ab dem 28. Februar erhalten französische Arbeitnehmer eine dritte Woche bezahlten Urlaub.
- Am 20. März werden Tunesien und Marokko unabhängig.
- 200.000 junge Franzosen werden eingezogen, um in Algerien zu kämpfen.
- Ende Mai kommt es an zahlreichen Bahnhöfen zu Zusammenstößen mit Demonstranten, da dort Züge mit einberufenen Soldaten für den Algerienkrieg abfahren.
- Am 9. Juni wird in der Bundesrepublik die allgemeine Wehrpflicht eingeführt.
- Am 1. August führt Belgien als letztes europäisches Land eine Führerscheinpflicht ein.
- Um alle Personen über 65 Jahren eine Rente zu finanzieren, wird in Frankreich am 4. August eine KFZ-Steuer mit Vignette für alle KFZ eingeführt, die bis 1990 beibehalten wird.
- 27.Oktober: Abschluss des Luxemburger Vertrages mit dem Ziel einer Angliederung des Saarlandes an die Bundesrepublik.
- Am 3. November strahlt der Bayrische Rundfunk den ersten Werbespot im deutschen Fernsehen aus. Liesl Karstadt und Beppo Brem werben darin für Persil.

1957

- Am 1. Januar tritt das Saarland als zehntes Bundesland der Bundesrepublik Deutschland bei.
- Die ersten Wehrpflichtigen rücken bei der Bundeswehr ein (1. Januar).
- Die sechs Staaten Frankreich, Italien, Belgien, Niederlande, Luxemburg und Bundesrepublik Deutschland gründen am 25. März die Europäische Wirtschaftsgemeinschaft (EWG).
- Konrad Adenauer wird zum dritten Mal zum Bundeskanzler gewählt, diesmal mit absoluter Mehrheit (15. September).
- Das Segelschulschiff der Bundesmarine „Pamir“ sinkt, 80 der 86 Besatzungsmitglieder kommen dabei ums Leben.
- Die Sowjet-Union gibt den erfolgreichen Test einer Mittelstreckenrakete (5000 Kilometer Reichweite) bekannt, die atomare Sprengköpfe transportieren kann. Ähnliche Versuche in den USA sind bislang gescheitert.
- Proteste in der weißen Bevölkerung und zum Teil blutige Auseinandersetzungen in den USA bei der Einführung gemeinsamen Schulbetriebs für weiße und farbige Kinder.
- Die Sowjet-Union schickt den ersten Erdsatelliten, den Sputnik, in das Weltall und sorgt damit für eine Weltsensation.

1958

- Die Amerikaner schicken ihren erstenSatelliten ins Weltall (1. Februar).
- Am 28. Mai in der DDR: Abschaffung der Lebensmittelrationierung und Einführung einheitlicher Lebensmittelpreise.
- Berlin-Ultimatum von Nikita S. Chruschtschow, Sekretär des Zentralkomitees der KPdSU der Sowjet-Union, mit der Forderung, Berlin (West) zur entmilitarisierten, freien Stadt zu machen. Keine Zustimmung bei den drei Westmächten Frankreich, Großbritannien und USA.
- Die Weltausstellung „Expo“ in Brüssel wird am 17. April eröffnet. Hauptthemen sind die friedliche Nutzung der Atomkraft und die Raumfahrt.
- Brasilien wird mit dem 17-jährigen Pelé Fußballweltmeister (5:2 im Finale gegen Schweden).
- Die Zahl der Flüchtlinge aus der DDR in die Bundesrepublik steigt stark an. In den Monaten Januar bis August verlassen 130.000 Menschen ihre Heimat.
- Papst Johannes XXIII. folgt dem am 9. Oktober verstorbenen Papst Pius XII. (28. Oktober).
- Am 3. Februar unterzeichnen Belgien, Luxemburg und die Niederlande den so genannten Beneluxvertrag. Dieser beinhaltet die Schaffung einer Wirtschaftsunion mit einem freien Austausch von Gütern, Dienstleistungen und Kapital.
- Am 1. Juni lässt sich Charles de Gaulle im Zuge des Algerienkrieges zum Ministerpräsidenten nominieren, vom Parlament wählen und für 6 Monate mit Notstandsbefugnissen ausstatten. In dieser Zeit lässt er eine neue Präsidialverfassung beschließen, die das französische Volk mit 83% annimmt. Dies ist der Beginn der 5. Republik.
- Am 21. Dezember wird De Gaulle zum Präsidenten der Republik gewählt.

1959

- Heinrich Lübke wird Präsident der Bundesrepublik Deutschland (1. Juli).
- Vollbeschäftigung in der Bundesrepublik: Es gibt mehr offene Stellen als Arbeitslose (rund 300.000).
- Nach dem neuen Siebenjahresplan der DDR sollen die Fertigung von Produktionsmitteln auf 195 % und von Konsumgütern auf 177 % des aktuellen Stands gesteigert werden.
- Am 1. Oktober führt die DDR-Volkskammer eine neue Nationalflagge ein, mit Hammer, Zirkel und Ährenkranz (Symbole für die „Arbeiter- und Bauernmacht“) als zusätzliches Symbol in der schwarz-rot-goldenen Deutschlandflagge.

1960

- Am 1. Januar führt Frankreich den neuen Franc ein, der 100 alten Francs entspricht.
- Die erste Ost-West-Abrüstungskonferenz wird ab dem 15. März in Genf abgehalten. USA, Großbritannien, Frankreich, die Sowjet-Union, Kanada, Italien, Bulgarien, die Tschechoslowakei, Polen und Rumänien nehmen teil.
- DDR-Präsident Wilhelm Pieck stirbt am 12. September. Das Präsidentenamt wird nicht neu besetzt.
- 9. November: John F. Kennedy wird zum Präsidenten der USA gewählt.

Bild von der hinteren Umschlagseite der Broschüre „Alles über Citroën", die 1959 zur IAA erscheint. Mit „Monpti" wird die glückliche Familie noch glücklicher.

ab 1958 in allen niederländischen 2CV-Werbungen irgendwo eine Ente zu sehen sein wird, während die wortgewandten Texte von Hans Ferrée zumeist witzig ironisch, zuweilen aber auch arg didaktisch, das „lelijke Eendje" zum Inbegriff eines klassenlosen Understatement-Autos stilisieren.

Passend zur Werbung erhält man damals in den Niederlanden beim Kauf eines neuen 2CV eine gleichfalls von Karel Suyling gestaltete Styropor-Ente, die am Innenspiegel befestigt werden kann. Doch damit nicht genug: 1960 gibt es sogar eine frühe – natürlich gleichfalls eine Ente zeigende – „Picture Disc", mit dem Lied „Het lelijke Eendje", die für 36 NL-Cent beim Citroën-Händler bestellt werden kann. Das Chanson von Paul Christian van Westering, dessen Text von der bekannten Kinderbuchautorin Annie M. G. Schmidt stammt, verkauft sich damals insgesamt immerhin 40.000 Mal.

In den ersten Importjahren wird der 2CV auch in Deutschland zumeist als ein Auto angepriesen, das ohne Rücksicht auf Äußerlichkeiten allein dem

Das Bild zeigt das neue Armaturenbrett, wie es in Frankreich ab Mai 1959 verbaut wird.

Eine sehr frühe Werbeanzeige, die anlässlich der Publikumspremiere auf der IAA im *Spiegel* erscheint.

Gebot der Funktionalität folgt. Ein gutes Bespiel für diese Werbestrategie liefert der Text eines frühen, noch von der Werbeagentur William Wilkens gestalteten Prospekts, der den bezeichnenden Titel „Citroën 2CV. Ein Sonderling in der Form – eine Sonderklasse in der Leistung" trägt. Hier heißt es 1959:

„Nur das, was gut ist und auf bestmögliche Weise seinen Zweck erfüllt, ist in Wahrheit schön! Für den Autokonstrukteur wie für den Autofahrer zählt zuerst die Fahrleistung, die Sicherheit, die Wirtschaftlichkeit – und dann das Aussehen. Ein gesunder Standpunkt im Zeitalter des totalen Verkehrs, bei dem Leben und Gesundheit täglich auf dem Spiel stehen, finden Sie nicht?"

Anders als in den Niederlanden möchte man in Deutschland jedoch kein Auto verkaufen, das nicht nur nach landläufiger Meinung aussieht wie ein „hässliches Entlein", sondern zu allem Überfluss auch noch ganz offiziell so heißt!

Aus diesem Grund beschließt die „Citroën Verkaufsgesellschaft für Deutschland" im Frühjahr 1959, mittels eines Preisausschreibens nach einem „treffenden volkstümlichen Namen" für dieses „ungewöhnliche und ungewöhnlich gute Auto" suchen

2CV mit Wellblechhaube aus den ersten Importjahren stellen auch in den Sechzigern die Ausnahme dar. Hier ein Bild von 1965 aus Hamburg.

Die deutsche Publikumspremiere des 2CV findet erst im September 1959 auf der IAA in Frankfurt statt.

Das am IAA-Messestand von Citroën ausgestellte 2CV-Chassis dient in erster Linie dazu, das damals viel beachtete Federungssystem zu erläutern.

ID 19 ▶

Vereinfachtes Modell des DS 19, jedoch gleiche Grundkonstruktion. Hydropneumatische Federung wie beim Spitzenmodell. Vierzylinder-Motor, Leistung 66 PS, vier Vorwärtsgänge, Kraftstoffverbrauch ca. 10 Ltr./100 km, Höchstgeschw. 135 km/std.

◀ **2 CV „Monpti B - AZ"**

Preisgünstigste Ausführung des 2 CV. Luftgekühlter Viertaktmotor, 425 ccm, Frontantrieb, auswechselbare Zylinderlaufbüchsen, Verdichtungsverhältnis 7 : 1, Leistung 12 PS bei 3500 U/min. Hydraulische Fußbremse. Aufhängung aller vier Räder unabhängig durch vier starke Schwingarme.

2 CV „Monpti B - AZL" ▶

Komfortablere Ausführung des 2 CV „Monpti B - AZ" mit Fliehkraftkupplung und veränderter Karosserie. Sonst im großen und ganzen wie 2 CV „Monpti B - AZ". Für alle kleinen Citroën sehr geringe Haltungskosten. So betragen u. a. die jährlichen Haftpflichtkosten DM 90,– und die Jahressteuer DM 72,–.

◀ **2 CV „Monpti-Weekend"**

Daten im großen und ganzen wie beim 2 CV „Monpti B - AZ", jedoch mit anderer Karosserie. Kann je nach Wunsch als bequemer Viersitzer oder als Lieferwagen benutzt werden. Wie alle 2 CV-Typen sehr geringer Benzinverbrauch von nur 5–6 Ltr./100 km.

Preisliste

DS 19

1,9 Ltr., 75 PS DM 12 100,–

ID 19

1,9 Ltr., 66 PS

Typ „confort" DM 9 700,–

Typ „de luxe" DM 8 990,–

Typ „Familiale" (7-sitzig) DM 12 100,–

Typ „Break" DM 12 100,–

Typ „Commerciale" DM 12 100,–

2 CV „Monpti"

425 ccm, 12 PS

Typ - B - AZ DM 3 650,–

Typ - B - AZL DM 3 950,–

Typ „Weekend" DM 4 450,–

H-Baureihe

1,9 Ltr., 56 PS (Kastenwagen)

Typ - HY - für 1500 kg DM 8 950,–

Typ - HZ - für 850 kg DM 8 850,–

Alle Preise gültig für Lieferung ab Werk Köln-Westhoven

Diese Prospektseite zeigt die 1959 in Deutschland angebotene „Monpti"-Modellpalette.

Obwohl der Name „Monpti" bereits im September 1959 feststeht, dauert es merkwürdigerweise noch bis Dezember, ehe Werbeanzeigen in Zeitschriften davon künden, dass der Name gefunden wurde.

zu lassen, wobei dieser „sachlich, poetisch oder humorvoll" sein kann. Einsendeschluss für das Preisausschreiben ist der 15. Juli 1959, so dass der Name rechtzeitig zur deutschen Publikumspremiere auf der Internationalen Automobilausstellung im September in Frankfurt feststehen wird.

Im Sommer 1959 schafft derweil der Umzug der deutschen Citroën-Firmenzentrale von Köln-Lindenthal ins rechtsrheinische Porz-Westhoven endlich die Voraussetzungen für eine erfolgreichere Positionierung der Marke auf dem deutschen Markt. Auf dem neuen Gelände, das sogar über einen eigenen Gleisanschluss verfügt, stehen nun allein 18.000 qm Hallenfläche zur Verfügung.

Eine weitere wesentliche Voraussetzung für den Verkauf des 2CV in Deutschland bildet die drastische Steigerung der Produktion im Werk Forest. So laufen dort 1959 insgesamt 17.774 2CV vom Band, während im Vorjahr gerade einmal 7798 Einheiten produziert wurden. Ohne diese Produktionssteigerung des belgischen Werkes wäre ein Export des 2CV in die Bundesrepublik im Grunde kaum möglich. Die Kapazitäten des Stammwerks Levallois-Perret reichen nämlich auch Ende der Fünfziger gerade einmal aus, um den französischen Binnenmarkt ohne größere Lieferzeiten zu bedienen. 1957 bis 1959 muss Citroën sogar Teile des Talbot-Werkes in Suresnes anmieten, um das Werk in Levallois zu entlasten. Am 17. September 1959 öffnet die 39. Internationale Automobilausstellung in Frankfurt ihre Pforten. Für Citroën Deutschland naht der Moment, den man mit Spannung, wahrscheinlich aber auch mit Zittern erwartet hat: die deutsche Publikumspremiere eines Autos, das zu diesem Zeitpunkt immerhin bereits zehn Jahre gebaut wird.

Auf der IAA präsentiert Citroën neben den populären D-Modellen sowohl einen 2CV in Standardausführung als auch eine Luxusversion. Nicht ausgestellt wird jedoch der AZUL „Weekend", obwohl die Kombiversion der Kastenente – anders als die normale AZU Version – gleichfalls in Deutschland

Dieses Bild aus dem Jahr 1965 zeigt, dass der Buckel-Taunus aus den frühen Nachkriegsjahren im Vergleich zur Ente fast noch moderner wirkt.

Der zur fahrenden Tribüne umfunktionierte 59er 2CV von Joachim Kindler ist typisch für die Ende der sechziger Jahre von jungen 2CV-Fahrern erworbenen Enten der ersten Generation in Deutschland. Interessanterweise besitzt auch diese ursprüngliche Wellblechente eine neuere Haube.

verkauft wird. Dafür präsentiert Citroën jedoch ein Chassis mit Achsen und kompletter Technik, das unter anderem dazu dienen soll, dem interessierten Besucher die Funktion des damals bewunderten, aber auch belächelten Federungssystems zu demonstrieren. Viele Besucher des Messestandes setzen ihr neuerworbenes theoretisches Wissen im Anschluss dann auch sofort in die Praxis um, indem sie die ausgestellten 2CV heftig hin- und herschaukeln.

Rechtzeitig zur IAA veröffentlicht Citroën darüber hinaus eine Broschüre mit dem Titel „Alles über Citroën". Der Leser erfährt nicht nur, wie der Markenname richtig ausgesprochen wird – „Man spricht „Citroën" etwas wie „Citroënn" aus, die Betonung liegt auf den letzten drei Buchstaben" – sondern auch, dass der 2CV in Deutschland nun offiziell „Monpti" heißt.

Angeblich haben mehr als 100 Teilnehmer des Preisausschreibens für den Namen „Monpti" votiert, der auf den damals sehr populären, gleichnamigen Roman von Gabor von Vaszary zurückgeht, der 1957 mit Romy Schneider und Horst Buchholz auch verfilmt wurde.

Doch anders als „Monpti" Horst Buchholz kann der 2CV das deutsche Publikum nur bedingt begeistern. Dies gilt auch für die großen deutschen Automobilzeitschriften, die den 2CV in ihren Messeberichten eher als Randnotiz behandeln und sich lieber auf den neuen BMW 700 oder den in Frankfurt erstmals einem deutschen Publikum präsentierten Austin Mini konzentrieren. Die erste Hürde bei der Etablierung des 2CV auf dem deutschen Markt ist mit der IAA jedoch genommen, auch wenn der Name „Monpti" – wahrscheinlich auf Wunsch der Pariser Firmenzentrale – schon sehr bald ad acta gelegt wird.

Kein Kleinwagen für jedermann (1959 – 1961)

Oben: Auch wenn es nicht gerade klein ist, gegen das Fahrgeräusch einer 12-PS-Ente hat das „Radioën" eigentlich keine Chance.

Ein sehr schönes Motiv aus dem privaten Album von Jan Diekmann, der dieses Bild 1965 in Hamburg aufnimmt.

Ab Modelljahr 1960 rollen alle 2CV-Modelle nicht mehr auf Reifen der Größe 125x400, sondern auf kleiner dimensionierten der Größe 125x380. Fast einer kleinen Revolution gleich kommt jedoch die Tatsache, dass die Ente in Frankreich erstmals in zwei Karosseriefarben angeboten wird. Alternativ zum bisherigen „gris clair" ist der 2CV fortan nun auch in der neuen Farbe „bleu glacier" (AC 606) erhältlich.

Seit September 1959 bietet Citroën für den 2CV auch ein von Continental Edison gefertigtes Radio an, das mittels einer Einbauhalterung in der vorderen Ablage befestigt werden kann. Das so genannte „Radioën" wird jedoch nicht fest montiert, so dass es bei Bedarf auch aus der Halterung herausgenommen und als Kofferradio verwendet werden kann. Obwohl das „Radioën" sogar mit eigenen Prospekten beworben wird, endet seine Produktion bereits im Mai 1962. Der Grund ist einfach: Gegen die 82 db Fahrgeräusch einer 12-PS-Ente hat das Radio schlichtweg keine Chance ...

Im Juli 1960 werden erstmals zaghafte Maßnahmen zur Verbesserung der passiven Sicherheit ergriffen: So ist die vordere Sitzbank nun mittels einer Klammer gegen ungewolltes Vorwärtskippen gesichert. Des Weiteren wird die Lehne der vorderen Sitzbank gepolstert; im Falle eines plötzlichen Bremsmanövers dürfte diese Maßnahme den einen oder anderen Schneidezahn eines Fondpassagiers gerettet haben. Auf dem deutschen Markt werden zu dieser Zeit übrigens sowohl 2CV aus belgischer als auch Fahrzeuge aus französischer Produktion verkauft, wobei die Luxusausführung grundsätzlich aus Forest stammt. Doch auch beim Kauf eines 2CV „Standard" raten manche Händler ihren Kunden damals dazu, lieber auf die Lieferung eines belgischen Autos zu warten, da dieses gemeinhin etwas besser verarbeitet sei. Neben zahlreichen Unterschieden im Detail sind 2CV „Standard" aus Forest übrigens grundsätzlich mit vorderen Einzelsitzen ausgerüstet.

Im August 1960 beschäftigt sich die Zeitschrift *Der Kleinwagen* zum zweiten Mal innerhalb von nur zwei Jahren ausführlich mit dem 2CV, wobei

Frontansicht der Serienversion des 2CV 4X4, besser bekannt als „Sahara".

Eine Heckansicht des 2CV 4X4, die zeigt, dass nicht nur beim Käfer der Motor hinten sitzt

In geringer Stückzahl wird der 2CV 4X4 auch in Deutschland verkauft.

Das Armaturenbrett des 2CV 4X4 „Sahara" mit den charakteristischen zwei Zündschlüsseln.

diesmal die belgische „Luxe"-Version getestet wird. In der Einleitung des Artikels begründet Robert Poensgen dies damit, dass bislang kaum ein Testbericht ein so starkes Leser-Echo hervorgerufen habe wie der zum 2CV im Oktober 1958. Eine „beträchtliche Anzahl von Lesern" habe sich „auf den Testbericht hin mit dem 2CV näher befasst, ihn sogar gekauft".

Am meisten überrascht den Autor jedoch, dass die zahlreichen in der Redaktion eingegangenen Leserzuschriften keinerlei Kritik am 2CV enthielten. Ein Kleinwagen für jedermann sei der 2CV dennoch nicht. So stellt Poensgen abschließend fest: „Unsere Leserzuschriften, wie auch die Erfahrungen von Citroën-Köln zeigen, dass die Käuferschicht sich überwiegend aus „Intellektuellen" zusammensetzt, vom Studenten angefangen über den Arzt bis zum Künstler oder Hochschulprofessor." (*Der Kleinwagen* S. 177, August 1960). Obwohl der 2CV damals gemeinhin als Fahrzeug für „Nonkonformisten", „Existenzialisten" und „Intellektuelle" gilt, heißt das nicht, dass es nicht auch Menschen gibt, die sich ein „hässliches Entlein" zulegen, weil sie ganz einfach Spaß daran haben, ein solches Auto zu fahren.

1965 setzt sich der Aachener Student Karl Kritzler in seine frisch ge"tüvte" 58er Ente, um seine Freundin in Nizza zu besuchen, die dort als Au-Pair-Mädchen arbeitet.

Künftig können 2CV-Fans theoretisch sogar Wüsten durchqueren. Im Oktober 1960 wird nämlich der „2CV 4/4" – besser bekannt als „Sahara" – vom französischen „Service des Mines" homologiert, doch bis zum Verkaufsstart der bereits auf dem Pariser Salon 1958 erstmals gezeigten zweimotorigen Allradente werden noch einmal weitere vier Monate vergehen. Die Kleinserienfertigung des „2CV 4x4", wie er offiziell heißt, erfolgt zudem nicht bei Citroën in Levallois, sondern in Ivry im Werk von Panhard. Dorthin werden von Citroën komplette Teilesätze in Gitterboxen geliefert, die gerüchteweise dann montiert werden, wenn die Panhard-Arbeiter gerade nichts anderes zu tun haben.

Bis 1966 werden gerade einmal 693 Exemplare des 2CV 4x4 entstehen, dem nicht zuletzt aufgrund des hohen Preises – der sich immerhin auf ID19-Niveau bewegt – ein größerer kommerzieller Erfolg versagt bleibt. Übrigens wird fünf Jahre nach dem offiziellen Produktionsstopp noch einmal ein einzelnes Exemplar des 4x4 gebaut werden; über die genauen Umstände, die zu dessen Entstehung führen, ist jedoch leider nichts bekannt.

Ostern 1967 trifft sich der Wiesbadener Citroën-Club in Berlin.

Citroën-Club

Rundbrief Nr. 21
(März 1966)

Herausgegeben vom Citroën-Club · 62 Wiesbaden · Postfach 245

Titelblatt des professionell gestalteten „Rundbriefs“ des Citroën-Clubs Wiesbaden.

Liebe CCM!

Heute ist der 8. 3. Soeben wurde das Manuskript für dieses Heft abgeschlossen und zur Druckerei geschickt.
Ende dieser Woche senden wir an die 164 interessierten CCM das Programm für unsere Osterfahrt nach Rennes.
Am Sonntag hat mich meine Frau verlassen, um die vorgesehene Strecke abzufahren, Hotelpreise, einen ständigen CCM-Treffpunkt in Rennes und anderes zu erkunden.
Wer sich nicht angemeldet hat, aber noch teilnehmen will (übrigens 6 CCM haben Rennes-Unterlagen verlangt, aber ihren Absender vergessen), hat jetzt nichts anderes zu tun, als zu versuchen, am Ostersamstag, 9. April, zwischen 9 und 10 Uhr in Sézanne, Place du Champ Benoist einzutreffen. Dort ist allgemeiner Sammelpunkt für die aus allen Richtungen ankommenden Teilnehmer.
Wir fahren dann über Fontainebleau, Orleans, Le Mans, Laval, Vitre nach Rennes. Die Werksbesichtigung ist Osterdienstag, 12. 4. um 9.30 Uhr. Rennes ist bekanntlich die Hauptstadt der Bretagne von der Chateaubriand gesagt hat, der Frühling ist hier klarer, strahlender und beginnt früher als anderswo!
Unser Bild zeigt den Justizpalast von Rennes. Wir empfehlen allen Rennes-Fahrern, mit einem Postkärtchen vom Verkehrsbüro in Rennes (Frankreich) Place de la Republique Prospekte von Rennes und von der Bretagne zu verlangen. Sie erhalten dann sehr schöne und interessante Unterlagen. —
Gute Fahrt, viel Sonne und viel Vergnügen!

Ihr

Lohmann

● **CCM Heydenreich 6374 Steinbach,** Bahnstr. 20, hat ami 6 (1964) 48.000 km z. verk. 3.000,— DM. —
CCM Ammon ist vom 2 CV auf ami 6 Break umgestiegen: „Es ist ein prächtiges Auto!“ —
CCM Riecker Stuttgart schreibt: „Natürlich wird es Ihnen entgangen sein, daß ich seit 2 Jahren keinen Citroën mehr fahre, aber ich möchte auch 1966 gerne CCM bleiben“. O. K. CCM Riecker! —
4 Manuskripte, darunter auch den außerordentlich interessanten Bildbericht von CCM Lohmann „10.300 km mit dem 2 CV durch Rußland“ sowie Bilder und Bericht von CCM Höfling über seinen 2 CV Wohnanhänger, mußten wir leider auf das nächste Heft verschieben. —

Die Dortmunder CCM treffen sich an jedem 2. Donnerstag im Monat im Wilhelmshof, Wilhelmstr., 20 Uhr. — Die Berliner CCM kommen am 1. Donnerstag des Monats im Stadtkrügel, Berlin-Friedenau, Südwestkorso Ecke Taunusstraße, zusammen. —
Er hält seine Termine nicht ein, läßt sich am Telefon verleugnen, auch wenn er daneben sitzt, was ich mit eigenen Augen gesehen habe. 8 Tage dauerte das Auswechseln eines Nadellagers. Jeden Tag hieß es „Morgen ist er bestimmt fertig“ schreibt uns ein Berliner CCM über eine Werkstatt. Wir wollen den Namen nicht nennen, versichern aber, daß wir von dieser Firma selbstverständlich keine Anzeige aufnehmen. Alle Inserate sind von Werkstätten, die unsere CCM immer wieder als sehr empfehlenswert bezeichnen. —
CCM Peter Heider 44 Münster, Lange Ossenbeck 13, Ruf 5 39 35, bittet alle CCM im Münsterland um ein Kärtchen, die an einem monatlichen Treffen interessiert sind. CCM Heider hat eine Preisliste über lieferbare Zubehörteile zusammengestellt. Sie wird gegen Einsendung von 60 Pf. in Briefmarken kostenfrei zugeschickt. —
Die Plakette „Haha, ich war noch nirgendswo“ ist vergriffen, eine Neuauflage in Arbeit. Auslieferung folgt in Kürze. Grüne und rotweiße C-Plaketten sind wieder lieferbar. Bitte Freiumschlag einsenden und 50 Pf. in Briefmarken beifügen. —
Sie finden in diesem und in zukünftigen Rundbriefen folgende Einteilung: Vorne 2 CV, hinten ID/DS 19 und dazwischen ami 6 und Panhard.

● **Wollen oder wollten Sie uns nicht** ein kleines Manuskript, Bericht oder Brief, für den nächsten Rundbrief schikken?

● **Aus Rochester, N. Y. 14610—1165** Park Av. schickt uns James Whitney Yost einen Scheck über 5 Dollar und schreibt „schicken Sie mir dafür soviel CC-Rundbriefe wie möglich durch Luftpost. Ich holte meine DS mechanique im Juni in Paris ab, aber hatte nicht genügend Zeit, Ihnen zu besuchen. Ich ging 6000 km durch Deutschland, Tschechoslowakei, Jugoslawien, Italien, die Schweiz und endlich nach Le Havre. Gute Fahrt mit das Citroën-Club.“

● **CCM in 44 Münster und Umgebung,** die an einem monatlichen zwanglosen Treffen interessiert sind, bitte ich um ein Postkärtchen. CCM Heider, 44 Münster, Lange Ossenbeck 13 oder Fernruf 5 39 35.

● **Es wurde angeregt, daß beim 6. CC-**Treffen und Geschicklichkeits-Turnier am 24. 9. 66 der beste Fahrer den Titel eines CC-Clubmeisters erhält. Wir sagen o. k.

● **„Uber die Aufnahme in den CC und** über die Zusendung mehrerer älterer C-Rundbriefe sowie Wagen-Plakette habe ich mich besonders gefreut. Ihrem Helfer, der mir ein SoSo-Kärtchen zugesteckt hat, herzlichen Dank auf diesem Wege“ schreibt CCM Heinz-Bernd Schillings, 4102 Homberg, Hochfeldstr. 115.

● **Auch diesem Rundbrief liegen wieder** einige Werbekärtchen bei. Wollen Sie so freundlich sein und sie unter den Scheibenwischer von C-Wagen klemmen? Danke! (Gerne stellen wir Ihnen weitere Drucksachen zur Verfügung.)

● **Das Foto auf Seite 7 (von CCM Kö-**nig, Bielefeld) zeigt einen Ausschnitt aus dem Marmorsaal in Bad Ems, wo die Preisverteilung und unser ‚Bunter Abend‘ stattgefunden hat. Am Mikrophon Kurt Reusing. —

Das Bild auf Seite 8 zeigt den originellen Wagen von CCM Graphiker Ultsch-Dortmund auf dem Parkplatz des Rheingauer Berghofes, Ziel unserer Korso-Fahrt beim 5. CC-Treffen. Die roten Geranien haben gegen den Fahrwind leicht protestiert. —

„Sagen Sie mal, bin ich denn wirklich so häßlich?“

Der 2CV-Luxe von Walter Heidemanns gehört zu den letzten, die im Frühjahr 1961 noch mit den speziellen hinteren Kotflügeln, Steinschlagecken und Klappheckblech ausgeliefert werden.

Im Dezember 1960 geht schließlich eine Ära zu Ende. Mit der neuen Motorhaube, die die bisherige Wellblechhaube ablöst, verändert die Ente nachhaltig ihr Gesicht. Das Facelift, das bei der Fourgonnette erst im Sommer 1961 erfolgen wird, dient aber nicht nur dazu, die mittlerweile recht antiquiert wirkende Frontansicht zu modernisieren. Die neuen Hauben lassen sich nämlich auch weitaus besser und platzsparender stapeln. Als einzige Version wird der 2CV 4x4 bis zum Produktionsende die alte Haube beibehalten.

Im Mai 1961 wird der 2CV-Luxe (AZL3) aus Kostengründen vereinfacht. Im Bild ein solcher vereinfachter AZL3 von 1961 aus Deutschland.

Im Verlauf des Jahres 1960 werden in Deutschland übrigens bereits 2705 „Monptis" verkauft, gegenüber gerade einmal 1090 im Vorjahr, was einer Absatzsteigerung von beachtlichen 150% entspricht. Anfang 1961 gründet der Journalist und überzeugte „Citroënist" Karl Linnmann in Wiesbaden einen „Citroën-Club", der im März 1961 bereits 171 Mitglieder zählt. Nach eigener Aussage glaubt er dabei fest an das „unsichtbare Band, das alle Citroën-Fahrer umfasst" (Citroën-Club, Rundbrief 1, März 1961). Nicht zu Unrecht, wie die Zukunft zeigen wird, da der von ihm gegründete Club als „André Citroën Club" noch heute fortbesteht und mittlerweile 4000 Mitglieder hat.

Obwohl Linnmann selbst begeisterter DS-Fahrer ist, sind die „2CVler" zumindest in den Anfangsjahren des Clubs sehr gut repräsentiert. Der „Citroën-Club", der sich selbst als „Anti-Verein" versteht und niemals in ein Vereinsregister eingetragen werden wird, gibt von Beginn an eine äußerst professionell gemachte Clubzeitschrift heraus. Der *Rundbrief* liefert neben Erfahrungsberichten, technischen Tipps, Reiseberichten, Hinweisen auf neue Citroën-Modelle, Werkstattempfehlungen und allerlei „Vermischtem" stets auch die aktuellen Pressestimmen zum Thema Citroën.

In einer Zeit, in der Citroën-Werkstätten 2CV-Besitzer häufig von „oben herab" behandeln und sich zu allem Überfluss häufig auch noch durch mangelhafte Arbeit auszeichnen, sind es vor allem die „Schrauber"-Tipps, die im wahrsten Sinne des Wortes Geld wert sind. Wenn es um ihr Auto geht, werden manche Leser aber durchaus auch zu Poeten. Wie im Falle eines Ehepaars, das seiner aufgrund ihrer Altersschwäche „dahingeschiedenen" 12-PS-Ente im April 1964 ein immerhin dreistrophiges Gedicht widmet, welches mit den bewegenden Worten beginnt:

„Ein alter Citroën rollt und rollt und rollt ...
nicht mehr
Ventil gebrochen, Ölkreis leer,
Zylinder kalt, Hydraulik schwach,
so liegt er da, geduckt am Boden flach;
er rostet und der Wind fährt unters Blech,
bei hundertachtzigtausend hatt´ er Pech!"

Im Aachener Studentendorf macht Karl Kritzler 1965 seine gebraucht gekaufte bereits leicht in die Jahre gekommene 58er Ente wieder flott.

Neben dem *Rundbrief* sind es vor allem auch die alljährlichen Treffen des Clubs in Bad Ems, die zu einem regen Gedanken- und Erfahrungsaustausch der Clubmitglieder beitragen. Die Treffen mit Gleichgesinnten helfen frühen 2CV-Fahrern zuweilen sicherlich auch dabei, die Reaktionen ihrer Mitmenschen besser zu verarbeiten. Diese beschreibt Dr. Paul Simsa im Mai 1961 sehr plastisch in der *Mot*: „Als er in Deutschland noch neu war, blieben Spießer und Kinder auf der Straße stehen, zeigten mit dem Finger auf ihn und blökten wie die Hammel. Er ist in Deutschland nicht mehr neu, aber immer noch grinsen Spießer und Kinder, und nicht nur die." (*Mot* 5/61)

Da die Produktionskosten im belgischen Werk Forest deutlich höher sind als im französischen Stammwerk Levallois, erfolgen im Mai 1961 auch erste Maßnahmen zur Kostenersparnis. So wird das Topmodell AZL3 an die normale Serie angepasst und vereinfacht. Bei dieser Gelegenheit entfallen die Steinschlagecken und die Zierleisten auf den Türen. Außerdem besitzt auch die „Luxe"-Version fortan nur noch ein festes Heckblech und normale hintere Kotflügel.

Zeitgleich entfallen bei allen in Forest produzierten 2CV die seitlichen Scintex-Blinker. Stattdessen werden fortan eckige Blinker in den vorderen Kotflügeln montiert, während die hinteren Blinker mit der Bremsleuchte kombiniert werden – bei gleichzeitigem Bremsen und Blinken hat die Blinkfunktion Vorrang.

Obwohl der Tiger eigentlich in den Tank gehört, kommt er bei Jan Diekmann einfach mit aufs Bild.

Konkurrenz belebt das Geschäft (1961 – 1963)

Im September 1961 präsentiert der Erzrivale Renault auf der IAA in Frankfurt den Renault R4, der nach Meinung vieler damaliger Automobiljournalisten eine konsequente Weiterentwicklung des 2CV darstellt.
Mit dem R4, der auf ein identisches Marktsegment zielt, sieht sich der 2CV erstmals in seiner bisherigen Geschichte einer ernstzunehmenden Konkurrenz ausgesetzt. Und obwohl Citroën-Chef Paul Bercot die Régie Nationale Renault mit unhaltbaren Plagiatsvorwürfen überschüttet und in dieser Sache sogar beim Industrieminister vorstellig wird, weiß man auch am Quai de Javel, dass Verbesserungen am 2CV eigentlich längst überfällig sind. Eine erste zaghafte Maßnahme erfolgt bereits im Oktober 1961: Durch eine geänderte Kolbenform und eine geringfügig erhöhten Verdichtung steigt die Leistung von 12,5 auf 13,5 PS bei 4200 U/min, wobei deutsche KFZ-Briefe kurioserweise trotz DIN-Angabe eine höhere Leistung von 14 PS bei 4500 U/min verzeichnen.
Mittlerweile sind übrigens auch die in Levallois produzierten 2CV in fünf verschiedenen Karosseriefarben erhältlich. Vier davon zeigt 1961 der Prospekt „La Liberté en 2CV", eine 32-seitige Hochglanzbroschüre, die in immerhin 14 Sprachen übersetzt werden wird. Dabei muss man wissen, dass Citroën den 2CV bis Anfang der sechziger Jahre in Frankreich eigentlich nur wenig bewirbt, da sich das Auto auch ohne Werbung so gut verkauft. Außerdem reichen die Produktionskapazitäten in den Fünfzigern ohnehin kaum aus, um die Nachfrage zu befriedigen.
Mit dem „Liberté"-Prospekt beginnt eine neue Ära der 2CV-Werbung. Er ist das erste Produkt der noch frischen Zusammenarbeit zwischen Citroën und

Bereits Anfang der sechziger Jahre gilt der 2CV als Gefährt für Intellektuelle. Ein Klischee, das in Italien sogar von der 2CV-Werbung aufgegriffen wird.

Dieses Bild, das Karl Noeken 1962 von seiner Frau und Anhang im fabrikneuen 2CV aufnimmt, könnte glatt als zeitgenössisches Werbefoto durchgehen.

Ein weiteres sehr schönes Foto aus dem privaten Album von Karl Noeken.

Oben: Die frühen 2CV mit neuer Motorhaube werden ab Ende der sechziger Jahre für junge Menschen erschwinglich. Häufig treten diese Autos in ihrem letzten Lebensdrittel erstmals große Reisen an.

Rechts: Erst 1962 beginnt Citroën in Deutschland mit einer zweiten Anzeigenkampagne für den 2CV. Über die Qualität der zuweilen recht bemüht unkonventionellen Texte kann man jedoch durchaus geteilter Meinung sein.

dem jungen Robert Delpire, der erst kurz zuvor eine eigene Werbeagentur gegründet hat. Delpire, der sich zu dieser Zeit bereits als Verleger von hochwertigen Kunstbänden einen Namen gemacht hat, verfolgt auch bei der Gestaltung seiner Werbebroschüren einen künstlerischen, stark typographisch orientierten eigenen Stil.

Das Konzept für den Prospekt, dessen Fotos den 2CV originell in Szene setzten, wird gemeinsam vom Citroën Werbechef Claude Puëch, dem Pressesprecher der Marke Jacques Wolgensinger und Agentur-Chef Robert Delpire erarbeitet. Bei der Umsetzung des Projektes werden die drei vom Fo-

Mit einem 2CV wird jeder Tag zum Sonntag, wie dieser Prospekt von 1961 belegt.

Picknick mit Rotwein und Radioën – ein französisches Werbefoto von 1961.

tografen André Martin und dem Designer Serge Gevin unterstützt, deren Arbeit viel zum Erfolg der in den folgenden Jahren wiederholt neu aufgelegten Broschüre beiträgt. Der Prospekt beschwört ein neues, jugendliches Image des 2CV, das nun erstmals auch Aspekte wie Spaß, Freiheit und Abenteuer einschließt – Dinge, von denen einst Pierre Boulanger im Zusammenhang mit dem „Toute Petite Voiture" kein Wort hören wollte. Die klassisch-nüchternen 2CV-Tugenden wie Sparsamkeit, Haltbarkeit und Fahrkomfort werden aber auch weiterhin ihren festen Platz in der 2CV-Werbung haben.

Die zentrale Aussage des Textes von Jacques Wolgensinger wird – geringfügig verändert – später sogar zu einer Art Glaubensbekenntnis werden: „Plus qu`une voiture; c'est un style de vie" („Er ist mehr als ein Auto, er ist ein Lebensstil.").

Doch nicht nur in Bezug auf die Werbung bewahrheitet sich der Grundsatz, dass Konkurrenz das Geschäft belebt. Im Gefolge der erfolgreichen Markteinführung des Renault R4 überschlagen sich – zumindest nach 2CV-Maßstäben – die Verbesserungen am 2CV. Bereits im April 1962 wird der 425-ccm-Motor erneut geringfügig überarbeitet, so dass er nun 15 DIN-PS bei 5000 U/min leistet. Kurze Zeit später wird auch die bislang recht schwache Leistung der Lichtmaschine erhöht.

Nach immerhin dreizehn Produktionsjahren wird der 2CV im September 1962 erstmalig mit einem

Pressefoto der letzten AZL3-Version vom Herbst 1962

Zeitgeschichte 1962-1965

1962
- 1 Liter Normalbenzin kostet durchschnittlich 0,58 DM.
- Mit Oberstleutnant John Glenn umkreist der erste Amerikaner in seinem Raumschiff „Friendship" die Erde.
- Am Sankt Bernhard gelingt der Durchbruch des Tunnels zwischen Italien und der Schweiz.
- Die Beatles treten, mit Ringo Starr am Schlagzeug, erstmals im Star-Club auf.
- Stirling Moss überlebt schwer verletzt einen Autounfall, während eines Rennens in Goodwood.
- Marylin Monroe wird tot in ihrer Wohnung aufgefunden.
- In Chamonix wird der 11,6 Kilometer lange Mont-Blanc-Tunnel eingeweiht.
- Sowjetische Angriffswaffen auf Kuba werden entdeckt und führen an den Rand eines atomaren Krieges.
- Die Amerikaner verhängen eine Seeblockade vor Kuba gegen sowjetische Frachter.
- Graham Hill sichert sich den Formel-1-Weltmeistertitel beim Grand Prix von Südafrika.

1963
- 1 Liter Normalbenzin kostet durchschnittlich 0,65 DM.
- Erik Carlsson gewinnt die Rallye Monte Carlo.
- In Amerika werden erstmals Telefone mit einer Tastatur vorgestellt.
- Das Zweite Deutsche Fernsehen nimmt seinen Sendebetrieb auf.
- Der bisherige Bundeswirtschaftsminister Ludwig Erhard (CDU) wird deutscher Kanzlerkandidat.
- Die 963 Meter lange Brücke zwischen Fehmarn und dem Festland wird eröffnet.
- 400.000 Berliner empfangen John F. Kennedy in der isolierten Stadt.
- Laut statistischem Bundesamt ist die Zahl der deutschen Vermögensmillionäre auf 8855 gewachsen und ist damit fast doppelt so hoch wie noch 1956.
- Jim Clark wird neuer Formel-1-Weltmeister.
- Konrad Adenauer (CDU) tritt von seinem Amt als Bundeskanzler zurück.
- Ludwig Erhard (CDU) wird der Nachfolger von Konrad Adenauer.
- Die 815 Meter lange Europabrücke zwischen Innsbruck und Schönberg wird eingeweiht.
- In Dallas (USA) wird John F. Kennedy erschossen.
- Die Beatles landen mit „She loves you" bereits zum dritten Mal auf Platz eins der britischen Charts.

1964
- 1 Liter Normalbenzin kostet durchschnittlich 0,58 DM.
- Konrad Adenauer wird mit 88 Jahren erneut zum Vorsitzenden der CDU gewählt.
- Der Alpen-Tunnel durch den Sankt Bernhard wird für den Verkehr freigegeben.
- Die Rolling Stones haben ihren ersten Fernsehauftritt in den USA.
- Der erste Film der Beatles „A Hard Day's Night" wird erstmals in London gezeigt.

1965
- 1 Liter Normalbenzin kostet durchschnittlich 0,58 DM.
- Sean Connery feiert als James Bond in „Goldfinger" Premiere.
- Timo Mäkinen und Beifahrer Paul Easter gewinnen die Rallye Monte Carlo.
- Als erster Mensch verlässt der Kosmonaut Alexei Leonow sein Raumschiff im Weltall.
- Von der Bundesbank wird der erste 500-DM-Schein herausgegeben.
- Graham Hill gewinnt zum dritten Mal in Folge den Großen Preis von Monte Carlo.
- Die Beatles bekommen von Königin Elisabeth II. den Empire Orden verliehen.
- In München wird das erste Luftkissenboot präsentiert.
- Jim Clark sichert sich beim Großen Preis von Deutschland vorzeitig den Weltmeistertitel.
- Bei den Bundestagswahlen wird die CDU/CSU die stärkste Partei.
- Das erste Flugzeug erreicht dreifache Schallgeschwindigkeit.

Ein niederländischer Prospekt, der die Anfang der sechziger Jahre im belgischen Forest produzierte 2CV Modellpalette behandelt. Anders als in Deutschland gibt es drei statt zwei Ausstattungsvarianten.

Analog zum „La Liberté"-Prospekt setzt die Agentur Delpire zusammen mit Citroën auch die Kastenente stimmungsvoll in Szene.

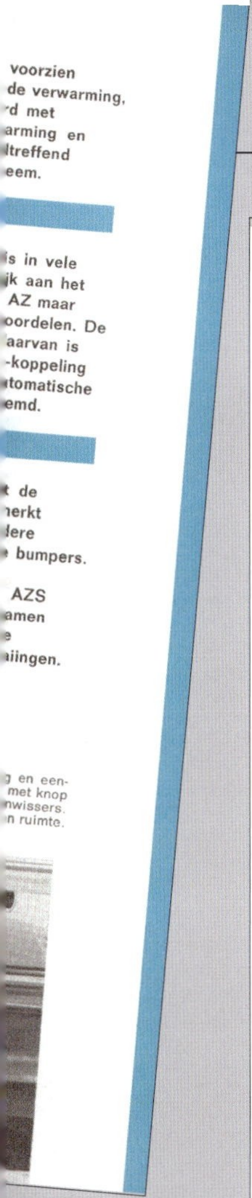

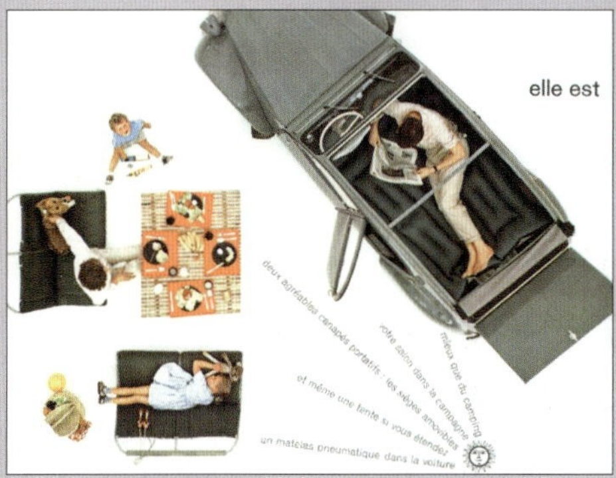

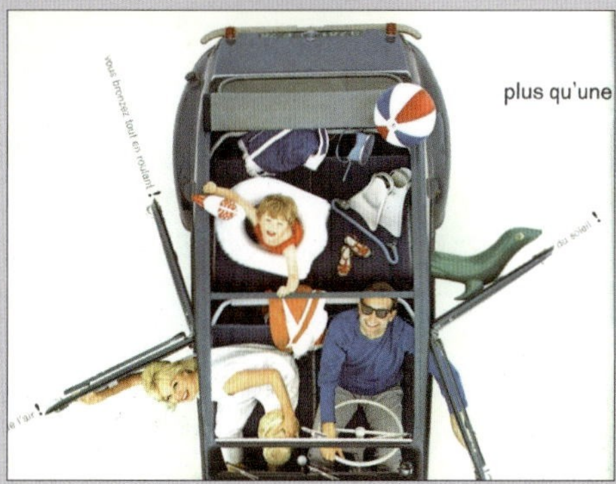

Die Fotos, die der Fotograf André Martin 1961/62 für die 32-seitige Hochglanzbroschüre „La Liberté en 2CV" aufnimmt, gehören bis heute zu den beliebtesten 2CV-Motiven. Sie sind aber auch Klassiker der Werbefotografie. Die originellen Szenen werden teilweise von Serge Gevin gestaltet, der später für das Design der meisten 2CV-Sondermodelle verantwortlich zeichnen wird.

Im Herbst 1962 wird das Armaturenbrett des 2CV neu gestaltet. Nach 13 Produktionsjahren gibt es zudem endlich einen elektrischen Scheibenwischer.

Es ist nicht zuletzt das von Quillery produzierte Kunststofflenkrad, das den Innenraum aller AZAM-Modelle aufwertet.

elektrischen Scheibenwischer ausgerüstet, der die Sichtverhältnisse bei Regen nachhaltig verbessert. Im Gefolge dieser Änderung wird auch das Armaturenbrett komplett überarbeitet, da der Tacho nun mittig über der Lenksäule – anstatt wie bisher links oben unterhalb der Frontscheibe – positioniert ist. Bei dieser Gelegenheit erhalten alle in Forest gebauten 2CV kleine seitliche Parkleuchten. Doch damit ist noch längst nicht Schluss: Ab Februar 1963 werden sukzessive alle 2CV-Versionen mit einem neuen Motor ausgestattet, der bei identischem Hubraum nun 16 DIN-PS bei 5000 U/min leistet. Mit dem neuen Motor, der zwar auf dem bisherigen Triebwerk basiert, aber sehr weitreichend überarbeitet wurde, ist es auf ebener Strecke – und bei weitgehender Windstille – erstmals möglich, die magische Grenze von 100 km/h zu erreichen und unter günstigsten Umständen sogar zu durchbrechen.

Die elegante Ente: Der 2CV AZAM (1963 – 1964)

Im März 1963 präsentiert Citroën mit dem 2CV AZAM – das AM steht für „ameliorée" („verbessert") – eine französische Luxus-Version der Ente, die ihren Namen auch wirklich verdient. Dies beginnt schon im Innenraum: So verfügt der 2CV AZAM über die gepolsterten Sitzbänke des Ami 6 Confort, ein sehr formschönes hellgraues Kunststofflenkrad, eine zweite Sonnenblende mit „Make-up"-Spiegel und last but not least sogar über eine Innenbeleuchtung – die bis dato in Frankreich noch nicht einmal gegen Aufpreis erhältlich ist. Auch äußerlich präsentiert sich die Edel-Ente ausgesprochen elegant: Anstelle von einfachen Stoßstangenhörnern aus Stahl besitzt der AZAM vorne und hinten Chrombügel. Weitere typische Accessoires sind eine Zierleiste auf der Motorhaube, Zierrahmen in

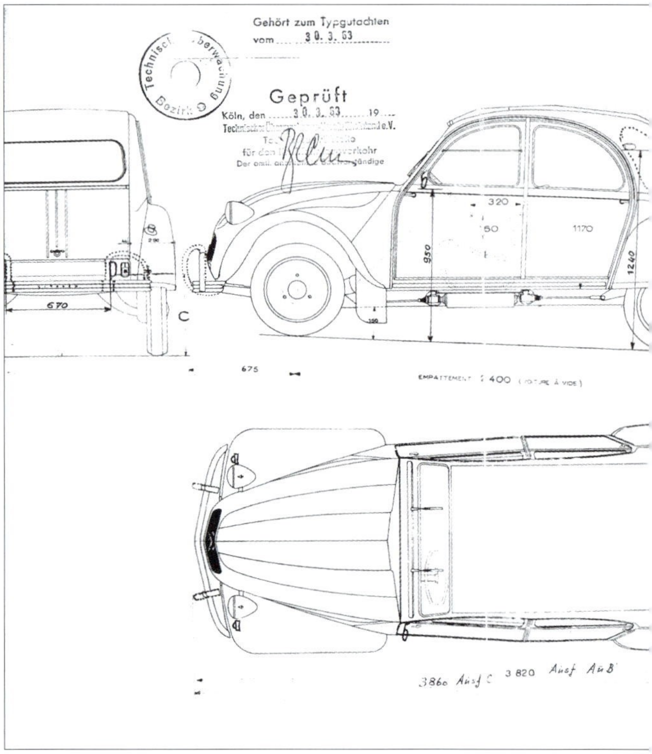

Maßzeichnung des 2CV aus dem TÜV-Gutachten für die Erteilung der Allgemeinen Betriebserlaubnis

den Scheibengummis und vom AMI 6 übernommene Radkappen. Alle diese Teile bestehen übrigens aus poliertem Aluminium.
Die neue Luxusversion wird als AZM3 auch in Forest produziert, so dass das bisherige Luxusmodell AZL3 entfällt. Wie ihr Vorgängermodell ist die belgische Variante allerdings mit einem dritten Seitenfenster, zweifarbigen Türverkleidungen und den Erkennungszeichen der deutschen „16-PS-Enten" werden. Als „typisch deutsch" präsentiert sich auch das Armaturenbrett dieser Enten, das mit einer zusätzlichen blauen Fernlichtkontrollanzeige versehen wird. Letztere gibt es zwar auch in der Schweiz, dort wird sie aber auf einem separaten Trägerblech montiert. Im Frühjahr 1963 wird auch die Karosserie der Kastenente überarbeitet, die bei

Links: Auch die in Deutschland verkaufte Standardversion stammt häufig aus belgischer Produktion. Im Bild ein frühes 16-PS-Modell von 1963.

Rechts: In Deutschland wird die belgische AZM-Version ausschließlich 1963 mit „Selbstmördertüren" angeboten.

typischen eckigen Blinkern ausgerüstet. Als neuer 2CV „Luxe" wird die AZM3 auch nach Deutschland importiert. Genau wie auch der 2CV „Standard" mit 16 PS wird sie jedoch für den Export mit kleinen seitlichen Blinkern der Marke Hella versehen, die zusammen mit den nierenförmigen Hella-Kennzeichenleuchten fortan zu einem dieser Gelegenheit seitliche Fenster und eine glatte obere Seitenwand erhält. Letztere macht es einfacher, Werbeaufschriften anzubringen. Außerdem sorgen nun auch in Frankreich rechteckige Rückfenster für eine verbesserte Sicht nach hinten.
Am 27. Juni 1963 wird dem neuen „2CV, Typ AZ-A" schließlich vom Kraftfahrtbundesamt eine „Allgemeine Betriebserlaubnis" (ABE) erteilt. Zuvor wurden die aus Belgien und Frankreich importierten und natürlich ordnungsgemäß verzollten 2CV einzeln vom TÜV Köln abgenommen. Der Kölner

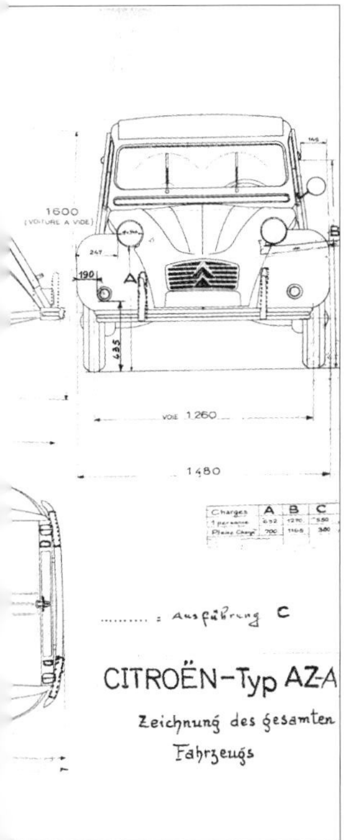

AK, HY und Bully friedlich vereint im Fuhrpark eines belgischen Unternehmens.

Oben: Die erste Version des französischen AZAM auf einem schön gestalteten Werbefoto von 1964

Obwohl Heinrich Lauser seinen roten Luxe von 1964 bereits gebraucht kauft, wird er ihn jahrelang als Familienauto im Alltag bewegen.

Rechts: Ein weiteres Werbefoto eines frühen französischen AZAM.

Dieses Bild zeigt einen für Deutschland bestimmten AZM3 bei der Produktion im Werk Forest.

Helmut Samuel aus Berlin kauft 1964 einen der ersten 2CV-Luxe mit vorne angeschlagenen Türen, der ihn bis in die Alpen bringt.

TÜV zeichnet dementsprechend natürlich auch für das Typgutachten verantwortlich, das die Grundlage für die Erteilung der ABE liefert. Die ABE gilt allerdings nicht für den „Weekend", da dessen Import im Sommer 1963 endet. Im August 1963 wird die Produktion des AZUL ohnehin zugunsten des neuen AKL „Weekend" eingestellt, der – mit Blick auf die schlechten Verkaufszahlen des Vorgängers AZUL – in Deutschland allerdings von vornherein nicht angeboten wird.

Der AKL, dessen „Luxe"-Ausstattung sich an der des Modells AZM3 orientiert, basiert auf der im April 1963 präsentierten großen Fourgonnette AK 350, die ihrerseits Chassis und Technik des AMI 6

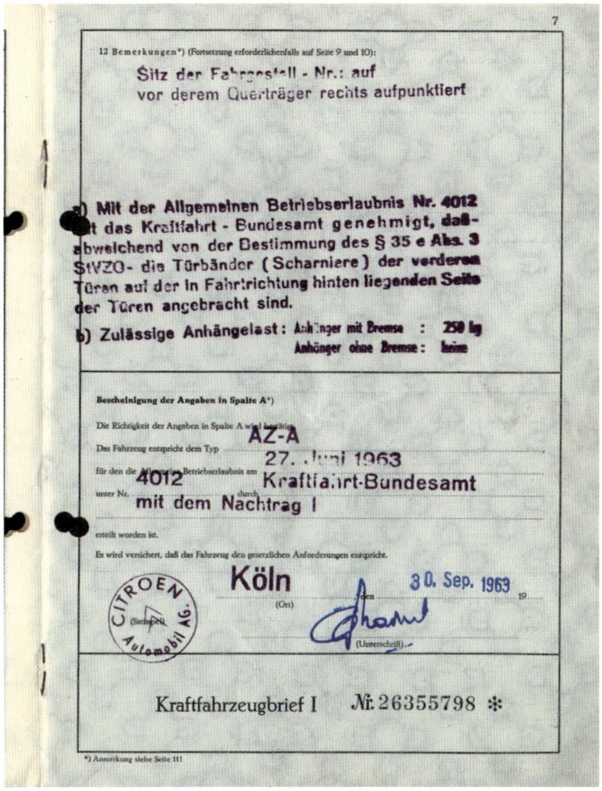

7

12 Bemerkungen*) (Fortsetzung erforderlichenfalls auf Seite 9 und 10):

Sitz der Fahrgestell - Nr.: auf
vor derem Querträger rechts aufpunktiert

a) Mit der Allgemeinen Betriebserlaubnis Nr. 4012 hat das Kraftfahrt - Bundesamt genehmigt, daß abweichend von der Bestimmung des § 35 e Abs. 3 StVZO - die Türbänder (Scharniere) der vorderen Türen auf der in Fahrtrichtung hinten liegenden Seite der Türen angebracht sind.

b) Zulässige Anhängelast: Anhänger mit Bremse : 250 kg
Anhänger ohne Bremse : keine

Bescheinigung der Angaben in Spalte A*)

Die Richtigkeit der Angaben in Spalte A wird bestätigt.
Das Fahrzeug entspricht dem Typ AZ-A
für den die Allgemeine Betriebserlaubnis am 27. Juni 1963
unter Nr. 4012 durch Kraftfahrt-Bundesamt
mit dem Nachtrag I
erteilt worden ist.
Es wird versichert, daß das Fahrzeug den gesetzlichen Anforderungen entspricht.

Köln (Ort) den 30. Sep. 1963

(Stempel) CITROEN Automobil AG.

(Unterschrift)

Kraftfahrzeugbrief I Nr. 26355798 *

*) Anmerkung siehe Seite 11!

übernimmt. Die neue Kastenente, die immerhin 20 cm länger ist als die parallel weitergebaute kleine Fourgonnette AZU, ist dabei für eine Zuladung von 350 kg ausgelegt – daher die Bezeichnung.

Im November 1963 testet *Mot* den „neuen 2CV De Luxe", wobei Chefredakteur Dr. Paul Simsa vor allem die verbesserte Motorisierung als deutlichen Pluspunkt sieht: „Technisch ist am neuesten Modell vor allem erfreulich, dass der Motor spürbar mehr Beschleunigung und etwas mehr Spitze bringt." Ungeachtet der erhöhten Leistung sei der Motor aber „genauso gesund wie vorher". Doch obwohl Simsa betont, dass man den 2CV nicht testen könne wie andere Autos, da dieser eben „kein Auto wie andere Autos" sei, stört es ihn dennoch, dass Citroën häufig kritisierte Schwachpunkte wie die einfachen Antriebwellen mit Kreuzgelenken unbeeindruckt beibehält. Vor allem auf dem deutschen Markt sei eine solch hochmütige Haltung „beim gegenwärtigen Kampf des 2CV gegen den R4 und andere Konkurrenten" schlichtweg „unfair gegenüber Verkäufern wie Käufern". (*Mot* 16/63)

Ab Januar 1964 werden die in Deutschland verkauften 2CV grundsätzlich mit vorn angeschlagenen Vordertüren ausgeliefert. Diese sind eigentlich bereits seit Juli des Vorjahres Pflicht. Das Kraftfahrtbundesamt kann jedoch einmalig eine auf sechs Monate befristete Ausnahmeerlaubnis erteilen – eine Möglichkeit, von der auch Citroën Deutschland Gebrauch macht. Um weiterhin 2CV in Deutschland verkaufen zu können, werden deshalb spätestens seit Jahresbeginn 1964 im belgischen Werk Forest spezielle für den hiesigen Markt bestimmte Enten gebaut. Im „restlichen Europa" werden sich die 2CV-Käufer übrigens erst Ende 1964 von den vorderen "Selbstmördertüren" verabschieden müssen.

Da ab Juli 1963 eigentlich „Selbstmördertüren" bei Neuwagen nicht mehr zulässig sind, muss Citroën eigens eine Ausnahmegenehmigung für die zweite Jahreshälfte beantragen.

Bereits im Januar 1964 erhalten alle nach Deutschland ausgelieferten 2CV vorne angeschlagene Türen. Im Bild ein AZM3-Modell von Anfang 1964.

Belgischer Überflieger: Der AZAM6 (1965 – 1966)

Kurioserweise existiert Mitte der sechziger Jahre weder in Frankreich noch in Belgien eine leistungsstarke Version der 2CV-Limousine. Dies verwundert umso mehr, als in den Beneluxländern und der Schweiz mit dem AKL „Weekend" eine PKW-Version der Fourgonnette mit 21 DIN-PS angeboten wird.

Der entscheidende Anstoß kommt schließlich aus der Schweiz. Die in Genf beheimatete „Société anonyme pour la vente en Suisse des Automobiles André Citroën", die traditionell einen guten Draht nach Belgien hat, tritt nämlich mit dem Wunsch an Citroën Belux heran, analog zum AKL auch eine Version der Limousine auf Basis des Ami 6 zu konzi-

Manche privaten Fotos hätte auch Citroën nicht besser gestalten können.

Links: Ein wenig erfreuliches Unfallfoto eines 3CV (AZAM6)

Rechts: Die französische Basisversion AZ-A

Links: Im Bild das Armaturenbrett eines der ganz wenigen überlebenden deutschen 3CV

Rechts: Der 1967er 3CV von Stefan Lütje befindet sich noch heute im Originalzustand.

Mit seinem 2CV Luxe von 1964 unternimmt Helmut Samuel über die Jahre hinweg viele kleine und große Touren.

pieren. Mit Erfolg, denn bereits im Januar 1965 debütiert der neue AZAM6 auf dem Brüsseler Salon, wo er vom belgischen König Baudouin höchstpersönlich in Augenschein genommen wird. Wie der AKL übernimmt auch der neue AZAM6 Chassis und Technik des Ami 6, wobei der Motor der ersten Ami 6-Version mit 21 DIN-PS und nicht der damals aktuellen mit 24,5 DIN-PS entspricht. Dies könnte auf größere Restbestände des alten Ami 6-Motors hinweisen; eine weitere mögliche Erklärung wäre, dass ein gewisser Abstand zum in der Modellpalette höher angesiedelten Ami 6 eingehalten werden soll. Doch auch mit 21 DIN-PS erreicht die neue Edel-Ente auf gerader Strecke bereits 104 km/h, und es zeigt sich, dass der 600-ccm-Motor dem 425-ccm-Triebwerk auch in puncto Laufkultur überlegen ist. Hinzu kommt, dass der AZAM6 vorne und hinten mit hydraulischen Stoßdämpfern ausgerüstet ist, die zusammen mit den großen Federtöpfen des Ami 6 für eine verbesserte Straßenlage sorgen. In Bezug auf die Ausstattung entspricht der AZAM6 dem Modell AZM3, wobei er über eine verbesserte Lärmdämmung verfügt. Darüber hinaus besitzt er von Beginn an den Handbremsgriff des Ami 6 mit Druckknopf. Äußerlich verrät übrigens nur ein Schriftzug am Heck, dass man es nicht mit einer „normalen" Ente zu tun hat.

Obwohl der 2CV in Deutschland vielerorts den nicht unbedingt verkaufsfördernden Ruf eines „rollenden Verkehrshindernisses" genießt und auch gerne als „lahme Ente" bezeichnet wird, kann sich Citroën Deutschland merkwürdigerweise nicht dazu entschließen, den AZAM6 in das deutsche Verkaufssortiment aufzunehmen. Einen Erklärungsversuch für dieses an sich schwer nachvollziehbare Verhalten liefert die Zeitschrift *„Mot"*, die im März 1966 den damals aktuellen 2CV mit 16 PS testet: „Citroën will auf keinen Fall diesen 600er Wagen nach Deutschland lassen. Wahrscheinlich in dem Irrglauben, der Ami 6 würde sich dann noch schlechter verkaufen. Aber der Ami 6 verkauft sich so oder so schlecht. Der 2CV hingegen würde mehr gekauft, wenn die Motorleistung besser wäre." (*Mot* 3/66)

Seit Herbst 1965 besitzt der 2CV übrigens an der Hinterachse anstelle der bislang verwendeten Reibungsdämpfer hydraulische Stoßdämpfer. Mit Ausnahme des Basismodells werden ab Modelljahr 1966 zudem alle Varianten mit homokinetischen Antriebswellen ausgerüstet, die das charakteristische Rucken bei eingeschlagener Lenkung verhindern. Auch äußerlich zeigt sich die Ente verändert: So besitzen nun alle Versionen ein drittes Seitenfenster, das bislang ab Werk allein den belgischen Luxusversionen vorbehalten war. Ein neu gestalteter Lamellengrill ersetzt den bisherigen Grill mit integriertem Doppelwinkel. Letztere sitzen fortan auf der Motorhaube.

Für Citroën Deutschland ist 1965 übrigens ein sehr erfolgreiches „Entenjahr": Mit 5658 verkauften Exemplaren erreichen die Verkaufszahlen ein neues Rekordergebnis – auch wenn deutsche Käufer vor-

Ein sehr schönes Foto, das Peter Heider Ostern 1967 beim Treffen der Citroën-Clubs in Berlin aufnimmt.

Anlässlich der Verleihung des „Prix Tour Du Monde en 2CV" an das deutsche Ehepaar Schubert, nimmt Citroën 1966 in Hamburg dieses Pressefoto auf.

Auch in Deutschland heißt der Hauptkonkurrent der Ente in den Sechzigern und Siebzigern Renault4. Aus diesem Grund testet die *Motor-Rundschau* 1966 den neuen 3CV direkt im Vergleich mit dem Renault4.

erst weiterhin mit 16 PS vorlieb nehmen müssen. Am 3. März 1966 wird in Hamburg der Citroën-Preis „Weltreise im 2CV" für das Jahr 1965 verliehen. Ausgezeichnet werden Virginia und Manfred Schubert. Das junge Ehepaar hat auf seiner zweieinhalbjährigen Hochzeitsreise, die zwischen Februar 1963 und August 1965 quer durch den amerikanischen Kontinent von Alaska bis Patagonien führt, insgesamt 99.000 Kilometer zurückgelegt. Es ist übrigens das einzige Mal, dass der „Prix tour du monde" an 2CV-Fahrer aus Deutschland vergeben wird. Die Idee zu ihrer ungewöhnlichen Hochzeitsreise war den beiden im September 1961 am Citroën-Stand auf der IAA in Frankfurt gekommen. Dort war als besondere Attraktion der 2CV der beiden Weltenbummler Jean-Claude Baudot und Jacques Séguéla ausgestellt.

Nach langer Zeit beginnt im September 1966 endlich der Import des AZAM6 nach Deutschland, der hierzulande die Verkaufsbezeichnung „3CV" trägt. Der Verkaufsstart sorgt für eine sehr breite Presseresonanz, die allenfalls mit der im Jahr des Importbeginns zu vergleichen ist. Dies sollte allerdings nicht zu der Annahme verleiten, dass die deutschen Autotester im Kollektiv zu Enten-Fans mutiert wären. Im Gegenteil: Wie gewohnt werden neben der Form natürlich weiterhin die primitive Ausstattung und die immer noch als zu gering empfundene Motorleistung kritisiert. Ein wesentlicher Kritikpunkt speziell am 3CV ist auch der hohe Preis von 4890 DM. Mit diesem ist der AZAM6 genau 160 DM teurer als ein Renault 4 Export mit Faltdach, der aufgrund seines wassergekühlten Vierzylindermotors von der Mehrzahl der Menschen weit eher als „richtiges" Auto empfunden wird.

Doch ganz gleich, ob man 1966 den 3CV für 4890 Mark, den 2CV „Luxe" für 4490 oder auch nur den „Standard" für 3990 DM kauft – das entsprechende Image gibt es immer gratis dazu.

Was 2CV-Fahrer von „normalen" Autofahrern unterscheidet, beschreibt Reinhard Seiffert im Oktober 1966 in der *ams*: „Es ist wohl kein Zufall, dass in Deutschland hauptsächlich Leute mit betont nonkonformistischer Geisteshaltung den 2CV fahren. Wer sich in einen NSU Prinz oder in einen FIAT 850 setzt, hat damit bereits eine bestimmte Stufe bürgerlicher Normalität erklommen, die

motor Rundschau
Vom Jungfachmann zum Kfz-Meister

D 4977 D 10. Oktober 1966 · Frankfurt/Main 19

Technik der Gelände-Motorräder
Sitzen Sie gut?
Muldenkipper für Massengüter
Zubehör für Sie und Ihr Auto

VERGLEICHSTEST
RENAULT 4 CITROËN 3CV

NEUE AUDI-MODELLE

Der in Deutschland als 3CV bezeichnete AZAM6 ist das einzige Modell der sechziger Jahre, bei dem die im Sommer 1966 aufgenommenen Prospekt- und Pressefotos wirklich deutsche Autos zeigen.

geradewegs zum Opel Rekord oder zum Mercedes 250 SE führt." (*ams* 22/66). Eigentlich müsse man sich „einen Bart stehen lassen, um zu zeigen, wie gleichgültig einem all diese auf äußere Effekte versessenen Mitmenschen sind."

Ein Vollbart gehört zum richtigen 2CV-Fahrer damals offensichtlich dazu. Zumindest, was das Klischee betrifft. Dementsprechend meint auch *hobby* bereits im Juni 1966: „Man sagt, der 2CV sei ein Auto für junge Männer mit Bart und junge Mädchen in Hosen" (*hobby* 13/66).

Manche Autoren sehen in der Ente aber auch eine eventuelle Alternative zum Vollbart. So schreibt Thomas Messmer im Juli 1967 in der *ADAC-Motorwelt*, dass man sich nicht „nur durch einen dicken Bart und durch verbeulte Hosen" von anderen Menschen unterscheiden könne, „sondern auch durch einen 2CV oder 3CV." (*ADAC-MOTORWELT* 7/67)

Ungeachtet solcher Klischees kann Citroën Deutschland mit insgesamt 7414 2CV und 3CV für 1966 wiederum einen neuen Verkaufsrekord verbuchen. 1966 ist überhaupt ein „Entenjahr": mit 168.357 produzierten Exemplaren erzielt der 2CV nämlich das beste Ergebnis seiner Geschichte.

Dieser von der Citroen-Hausagentur Delpire in Paris gestaltete Prospekt vom September 1966 gehört zu den ganz wenigen Prospekten, die wirklich „deutsche" Enten zeigen.

Dyane, Guevara & Töff (1967 – 1969)

Obwohl Citroën im April 1967 noch die Luxusversionen mit der großen Tachoeinheit des Ami 6 aufgewertet hat, geschieht nur wenige Monate später genau das, was viele 2CV-Fans seit langem befürchtet haben. Mit der Präsentation der „Dyane" auf der Frankfurter IAA im September 1967 scheinen die Tage der Ente gezählt zu sein. Obwohl das neue Modell offiziell niemals als Nachfolger des 2CV bezeichnet wird, deutet vieles darauf hin, dass die Ente nach einer gewissen Übergangszeit aus dem Programm genommen werden soll:

So wird die gesamte Modellpalette auf das Basismodell zusammengestrichen. Mit gerade einmal 57.473 Einheiten wird die Produktion des 2CV zudem auf das Niveau der Mittfünfziger zurückgefahren.

Zunächst sieht es so aus, als würde sich die Dyane auch auf dem deutschen Markt etablieren können. 1968 verkauft sie sich sogar besser als die Ente, deren Verkaufszahlen im Gegenzug einbrechen. Als

Der AZAM6 ist in Wirklichkeit zwar nicht ganz so schnell, die Kurvenlage ist aber auch in der Realität so dynamisch wie auf dem Titelbild der *hobby* vom Sommer 1966.

Zeitgeschichte 1966-1973

1966
- 1 Liter Normalbenzin kostet durchschnittlich 0,54 DM.
- Ludwig Erhard wird neuer Parteivorsitzender der CDU.
- In Houston gelingt erstmals die Implantation eines künstlichen Herzens.
- Das älteste Autorennen der Welt, die Targa Florio auf Sizilien, endet mit einem Sieg für Porsche.
- Jackie Stewart gewinnt den Grand Prix auf dem Stadtkurs von Monte Carlo.
- Die Beatles starten in München ihre Deutschland-Tournee.
- Ludwig Erhard reicht seinen Rücktritt ein.
- Neuer Bundeskanzler wird Kurt Georg Kiesinger (CDU).

1967
- 1 Liter Normalbenzin kostet durchschnittlich 0,59 DM.
- In Berlin entsteht die Kommune 1.
- Rauno Aaltonen gewinnt die 36. Rallye Monte Carlo.
- Während eines Tests gerät die Apollo 1 in Brand und reißt drei Astronauten in den Tod.
- Vor der englischen Küste läuft ein liberianischer Öltanker auf Grund und verursacht die erste Ölpest an einer europäischen Küste.
- Die erste, 1,2 Millionen Mark teure Verkehrsleitzentrale wird in München in Betrieb genommen.
- In New York demonstrieren 125.000 Amerikaner an der Seite von Martin Luther King gegen den Vietnam-Krieg.
- In Zürich kommt es während eines Rolling Stones Konzerts zu Saalschlachten.
- In der Hauptstadt der BRD wird die Einführung der Mehrwertsteuer beschlossen.
- Elvis Presley heiratet Priscilla Beaulieu.
- In Berlin wird gegen den Besuch des Schah von Persien demonstriert. Neben 60 zum Teil schwer Verletzten, wird dabei der Student Benno Ohnesorg erschossen.
- Das ZDF beginnt mit der Ausstrahlung von Sendungen in Farbe.
- Die Schweden stellen ihren Verkehr von Links- auf Rechtsfahren um.
- Die erste Folge von Aktenzeichen XY ungelöst wird vom ZDF ausgestrahlt.
- In Kapstadt wird erstmals erfolgreich ein Herz verpflanzt.

1968
- 1 Liter Normalbenzin kostet durchschnittlich 0,62 DM.
- Der Sommer diesen Jahres wird zum Höhepunkt der Studentenrevolution und der Beginn der terroristischen Aktionen gegen den Staat.
- In der Bundesrepublik wird die Mehrwertsteuer eingeführt.
- Die Surveyor 7 landet sicher auf dem Mond. Wenig später sendet die amerikanische Raumsonde Bildsignale von der Oberfläche an die Erde.
- Amerikanische B 52 Bomber greifen in Saigon an.
- Von den Beatles erscheint die Single „Lady Madonna".
- Martin Luther King fällt in Memphis einem Attentat zum Opfer.
- Das Vorstandsmitglied des Sozialistischen Studentenbundes, Rudi Dutschke, wird in Berlin durch Schüsse schwer verletzt.
- Vic Elford gewinnt die Targa Florio.
- In Los Angeles wird ein Attentat auf den US-Senator Robert F. Kennedy verübt, der am 6. Juni an den Folgen verstirbt.
- In London hat der Film „The Yellow Submarine" mit der Musik der Beatles Premiere.
- Das größte Luftkissenboot der Welt (L: 39 m, H: 10 m) nimmt den Fährbetrieb über den Ärmelkanal auf.
- Jacqueline Kennedy heiratet den griechischen Milliardär Aristoteles Onassis
- US-Präsident Lyndon B. Johnson verkündet die Einstellung des Luftkriegs gegen Nordvietnam.
- Graham Hill sichert sich den Formel-1-Weltmeistertitel beim Großen Preis von Mexico.
- Richard Nixon wird der 37. Präsident der USA.
- Die 36 km lange Brennerautobahn wird für den Verkehr freigegeben.
- Die Tupolew TU-114 erreicht die Rekordgeschwindigkeit von 2443 km/h.

1969
- 1 Liter Normalbenzin kostet durchschnittlich 0,56 DM.
- In Paris beginnt eine Konferenz zur Beendigung des Vietnam-Kriegs.
- In Washington wird Richard Nixon vereidigt.
- Björn Waldegaard gewinnt mit Beifahrer Lars Helmar die 38. Rallye Monte Carlo.
- In den USA absolviert das größte bis dahin gebaute Passagierflugzeug, eine Boeing 747, ihren Jungfernflug.
- Die Apollo 9 startet mit drei Astronauten an Bord.
- Gustav Heinemann wird zum neuen Bundespräsidenten gewählt.
- Die ersten Menschen landen auf dem Mond.
- In Amerika findet das legendäre Woodstock Festival statt.
- Denis Hulme gewinnt in Mexiko den Grand Prix und sichert sich damit auch den WM-Titel.
- In den USA wird erstmals eine Fernsehsendung unter dem Namen „Sesamstraße" ausgestrahlt.

1970
- 1 Liter Normalbenzin kostet durchschnittlich 0,55 DM.
- In Deutschland tritt ein Gesetz in Kraft, dass eine Lohnfortzahlung auch im Krankheitsfall garantiert.
- Porsche gewinnt die Rallye Monte Carlo.
- Das Duo Simon und Garfunkel landet mit „Bridge Over Troubled Water" einen Welthit.
- Bundeskanzler Willy Brandt und DDR-Ministerpräsident Willi Stoph treffen zum ersten innerdeutschen Gipfel zusammen.
- Paul McCartney verlässt die Beatles, die sich kurz darauf ganz auflösen werden.
- Auf der Apollo 13 explodiert ein Sauerstofftank und bringt die dreiköpfige Besatzung in größte Gefahr.
- Ulrike Meinhof befreit Andreas Baader aus der Haft in West-Berlin.
- Probebohrungen in der Nordsee führen zur Entdeckung großer Ölvorkommen.
- In New York wird erstmal der Smog-Notstand ausgerufen.
- Jochen Rindt verunglückt im italienischen Monza tödlich. Trotzdem wird er aufgrund seines uneinholbaren Vorsprungs zum Fomel-1-Weltmeister erklärt.
- Bei General Motors stehen die Fließbänder aufgrund eines Lohnstreiks still.
- Mitglieder der terroristischen Baader-Meinhof-Bande rauben in Berlin drei Geldinstitute aus.
- Gary Gabelich stellt in seinem Raketenauto mit 1001,67 km/h einen neuen Land-Speed-Rekord auf.

1971
- 1 Liter Normalbenzin kostet durchschnittlich 0,58 DM.
- Während einer Kältewelle in Europa sinken die Temperaturen unter -40 °C.
- Rolls-Royce meldet Konkurs an.
- Die sowjetische Saljut 1 wird als erste Raumstation in die Erdumlaufbahn geschickt.
- In Washington demonstrieren 300.000 Menschen gegen den Vietnam-Krieg.
- In der DDR löst Erich Honnecker Walter Ulbricht ab und wird damit neuer Erster Sekretär des SED-Zentralkomitees.
- MBB stellt in München die erste Magnet-Schwebebahn der Welt vor.
- Erstmals tritt Greenpeace mit umstrittenen Aktionen an die Öffentlichkeit.
- Ein Elektromobil von Opel erreicht auf dem Hockenheim-Ring eine Geschwindigkeit von 240 km/h und wird damit zum Rekordhalter.
- Die drei Kosmonauten von der Sojus 11 werden tot aus ihrer Raumkapsel geborgen.
- Die Apollo 15 landet auf dem Mond und setzt erstmals ein bemanntes Mondmobil auf dem Mond ab.
- Jackie Stewart wird nach dem Großen Preis von Österreich Formel-1-Weltmeister.
- Bundeskanzler Willy Brandt besucht den sowjetischen Staats- und Parteichef Leonid Breschnew auf der Krim.
- Die Deutsche Bundesbahn startet den Intercity-Verkehr.
- In Brands Hatch (GB) verunglückt der Schweizer Rennfahrer Jo Siffert während eines Formel-1-Rennens tödlich.
- Aufgrund andauernder Trockenheit sinkt der Rheinpegel auf 1,54 Meter.
- Bundeskanzler Willy Brandt erhält den Friedensnobelpreis.

1972
- 1 Liter Normalbenzin kostet durchschnittlich 0,59 DM.
- Richard Nixon bestätigt, dass geheime Friedensverhandlungen mit Nordvietnam laufen.
- Sandro Munari gewinnt mit Beifahrer Mario Mannucci die 41. Rallye Monte Carlo.
- Die Nordvietnamesischen Streitkräfte beginnen eine Großoffensive. Die USA brechen daraufhin die Friedensgespräche ab.
- Richard Nixon besucht als erster US-Präsident die UdSSR.
- Nach einer Schießerei nimmt die Polizei in Frankfurt die Terroristen Andreas Baader, Holger Meins und Jan-Carl Raspe fest.
- Der Watergate-Skandal nimmt im gleichnamigen Hotel seinen Lauf und führt zum Sturz von Richard Nixon.
- Bei Volvo wird das Fließband in der Automobilproduktion durch Gruppenarbeit ersetzt.
- In München beginnen die XX. Olympischen Sommerspiele, in deren Verlauf arabische Terroristen ein Attentat auf die israelische Mannschaft verüben.
- Emerson Fittipaldi gewinnt den Großen Preis von Italien und sichert sich damit den WM-Titel in der Fomel 1.
- Mit der Rückkehr der Apollo 17 werden die Missionen zum Mond eingestellt.

1973
- 1 Liter Normalbenzin kostet durchschnittlich 0,69 DM.
- Die USA, Nordvietnam und Südvietnam unterzeichnen einen Waffenstillstandsvertrag.
- In Duisburg wird auf der August-Thyssen-Hütte mit dem „Schwarzen Riesen" der größte Hochofen der Welt angeblasen.
- Vertreter der USA und Nordvietnams einigen sich auf ein Abkommen zur Beendigung des Vietnamkrieges.
- Die Kattwyk-Brücke bei Hamburg ist fortan mit 54 Metern Durchfahrtshöhe die größte Hubbrücke der Welt.
- Wegen der Watergate-Affäre treten weitere Berater von Präsident Richard Nixon zurück.
- Helmut Kohl wird zum neuen Parteivorsitzenden der CDU gewählt.
- Libyen verstaatlicht 51% der Ölquellen des Oasis-Firmenkonsortiums.
- In Istanbul wird die Bosporusbrücke eingeweiht und verbindet fortan Europa mit Asien.
- Jackie Stewart wird neuer Formel-1-Weltmeister.
- Die Erdöl exportierenden arabischen Staaten erhöhen die Ölpreise, um politischen Einfluss auf die pro-israelischen, westlichen Staaten auszuüben. Aufgrund der daraus resultierenden Ölkrise wird von Bundeswirtschaftsminister Hans Friderichs ein auf vier Wochen befristetes Sonntags-Fahrverbot verfügt.
- England und Frankreich besiegeln ein Abkommen zum Bau eines 54 Kilometer langen Tunnels unter dem Ärmelkanal.

Links: Originalität beschreibt um 1970 allein eine möglichst originelle persönliche Umgestaltung des Autos.

Rechts: Manche Dinge wären eigentlich gar nicht nötig, da das subjektive Zeitempfinden in einer 16-PS-Ente ohnehin schon ein anderes ist …

In Deutschland bildet sich ab Ende der Sechziger eine spezifische „Treffen"-Kultur heraus.

Kastenenten sind damals bei 2CV-Fahrern, die regelmäßig zu Treffen fahren sehr beliebt, da sie auch als Schlafstätte dienen können.

Ende der sechziger Jahre ist die Dyane zwar bei den Citroën-Händlern präsent, verdrängen kann sie die Ente jedoch nicht – wie dieses Bild aus den Niederlanden zeigt.

Die Endsechziger und frühen Siebziger sind für junge Menschen eine Zeit der Freiheit. Hierzu gehören auch Reisen mit dem 2CV in Richtung südliche Sonne.

Ein weiteres Beispiel für eine zeittypische „Personalisierung".

kleiner Ausgleich hierfür werden ab 1968 wenigstens erstmals AZU und AK in Deutschland angeboten. Letzterer ist seit Mai übrigens mit einem neuen Motor ausgerüstet, der nun 28 DIN-PS leistet. Ansonsten beschränkt sich die Modellpflege der Jahre 1967 bis 1969 auf ein Minimum. Dann passiert jedoch etwas Unerwartetes: Mit 10.189 verkauften Exemplaren explodieren 1969 in Deutschland förmlich die Verkaufszahlen des 2CV, während die der Dyane mit 4205 Fahrzeugen sogar leicht rückläufig sind.

Deutschland stellt damit jedoch einen Sonderfall dar, da zeitgleich die Verkäufe in den Produktionsländern Frankreich und Belgien stark einbrechen, so dass zumindest ein mittelfristiger Produktionsstopp Ende der 1960er immer wahrscheinlicher wird.

Gewiss trägt die gesellschaftliche und politische Entwicklung der späten Sechziger zum Popularitätsschub der Ente in Deutschland bei. Der 2CV passt gut in eine Zeit, in der lange Haare, Jeans und Miniröcke allmählich salonfähig werden und ein Begriff wie „progressiv" zum gern zitierten Schlagwort wird.

Bei bewegten Studenten gilt der 2CV damals als „Anti-Auto" und als Ausdruck einer bewusst konsumkritischen Gesinnung. Modisches politisches Bewusstsein spiegelt sich auch in dem fast obligatorischen Ché-Guevara-Portrait wider, das damals die Heckklappen vieler Enten ziert.

Dem akademischen Umfeld entstammt auch der 2CV-Club Frankfurt, der 1969 bereits 120 Mitglieder verzeichnen kann. In „zwangloser Folge" gibt der Club ab Januar 1969 in einer Auflage von 2000 Exemplaren einen Rundbrief heraus, der damals bei jungen 2CV-Fahrern Kultcharakter hat: *Töff.* Die Zeitschrift für die schönsten Jahre des Lebens". Ganz dem antikapitalistischen Zeitgeist verpflichtet, wird *Töff* in den frühen Jahren kostenlos an 2CV-Fahrer verteilt. *Töff* liefert nicht nur Berichte über „Enten-Treffen", Nachdrucke von 2CV-Testberichten und technische Tipps, sondern darüber hinaus auch Reiseempfehlungen, Artikel zu politischen Fragen, „Tricks der Dialektik" – wobei zwischen fairer und unfairer Dialektik unterschieden wird – und mitunter sogar völlig unpolitische Abhandlungen wie die über die Vielseitigkeit des Nahrungsmittels Milch.

Vor allem in den Universitätsstädten entstehen um 1970 herum unzählige 2CV-Clubs und -Stammtische. Sie bilden eine jugendliche Enten-„Szene", die sich im „Citroën-Club Wiesbaden" nicht mehr aufgehoben und vertreten fühlt. Alternativ zu den Treffen des Wiesbadener Clubs in Bad Ems, bei dessen bunten Abenden im Kurhaus ein Erscheinen in „angemessener Kleidung“ erwartet wird, trifft man sich nun zwanglos auf der grünen Wiese, um abends mit der Gitarre am Lagerfeuer zu sitzen.

Interessanterweise bleiben viele 2CV-Clubs dem Namen nach Citroën-Clubs. Dies gilt auch für den größten deutschen Club, den 1968 gegründeten, aber erst seit 1972 als e.V. eingetragenen CCRR („Citroën-Club-Rhein-Ruhr“), der gleichzeitig der Dachverband der vielen damals entstehenden Ortsclubs ist. Die meisten dieser jungen, häufig noch studierenden 2CV-Fans können sich allerdings nur eine Ente aus vierter oder fünfter Hand leisten. Hinzu kommt, dass diese Fahrzeuge gemeinhin nur im äußersten Notfall eine Vertragswerkstatt von innen sehen. Insofern wird Citroën Deutschland stets ein etwas zwiespältiges Verhältnis zur deutschen Enten-„Szene“ haben.

Links: Die Heckklappe des 2CV bietet nicht nur Platz für Aufkleber, sondern auch für individuelle Gestaltung im bunten Stil der Zeit.

Links: Damit das leibliche Wohl auf Treffen nicht zu kurz kommt, enthält mancher Kofferraum eines 2CV sogar eine komplette Camping-Küche.

Oben: Zwanglos geht es damals auch bei den Reparaturen zu. Notfalls macht man auch einen Chassis-Wechsel ganz einfach am Straßenrand vor der Haustür in Köln.

Rechts u. unten: Klaus Otto beweist Ende der 60er Jahre nicht nur, dass der 2CV ein idealer Möbelwagen ist, sondern auch, dass sich der Enten-Fahrer erst mit Blumenkästen an den Türen in seinem Auto so richtig zuhause fühlt .

Links: „Lost in France“. Glücklicherweise lässt sich eine 16-PS-Ente mit Bordmitteln selbst in einer Parktasche zerlegen.

Kapitel 3

1970 – 1990: Das zweite Leben

Links: 1971 besitzt Jan Diekmann nicht nur ein aktuelles 2CV4-Modell, auch äußerlich hat er sich im Stil der neuen Zeit verändert.

Rechts: Ein 2CV ist mehr als ein Auto, manchmal ist er auch ein Himmelbett auf Rädern.

Wunder gibt es immer wieder (1970)

„Wunder gibt es immer wieder" – dieser Titel, mit dem Katja Epstein am 13. Februar 1970 beim „Grand Prix Eurovision de la Chanson" in Amsterdam einen beachtlichen dritten Platz erreicht, dürfte damals auch so manchem 2CV-Liebhaber aus der Seele sprechen. Im Februar 1970 präsentiert Citroën nämlich eine komplett „runderneuerte" Ente. Für die Fans ist die Botschaft eindeutig: Der 2CV wird weitergebaut. Der Käufer kann sogar zwischen zwei verschiedenen Motorisierungsvarianten wählen, die beide von der Dyane übernommen werden. Als 2CV4 besitzt die Ente einen auf 435 ccm vergrößerten Motor, der nun 23 DIN-PS leistet. Das genügt, um zumindest mit etwas Anlauf 102 km/h zu erreichen. Um volle Leistung zu entwickeln, benötigt das Triebwerk allerdings eine Drehzahl von 6750 U/min, was der Tourenzahl eines Sportwagens entspricht und leider auch bewirkt, dass dem 23-PS-Motor im Allgemeinen nur eine überschaubare Lebensdauer vergönnt ist. Beim 2CV6 sieht die Sache schon deutlich besser aus. Mit 28 DIN-PS aus 600 ccm beschleunigt die „Power-Ente" für damalige Kleinwagenverhältnisse durchaus akzeptabel, und auch hinsichtlich der Spitzengeschwindigkeit von immerhin 110 km/h kann sie zumindest 2CV-Fans voll überzeugen. Beide Versionen sind mit einer 12-Volt-Bordelektrik ausgestattet, was vor allem der zuvor stets etwas mageren Lichtausbeute der Scheinwerfer zugute kommt. Die neuen Drehstromlichtmaschinen sorgen darüber hinaus dafür, dass die Batterie jetzt

Im Sommer 1972 stehen die Fahrzeuge für die Aktion „Urlaubswagen" in Köln bereit zur Abholung.

auch bei geringen Drehzahlen oder mehreren eingeschalteten Verbrauchern ausreichend geladen wird.

Äußerlich sind die neuen 2CV-Modelle an den vom Ami 6 übernommenen rechteckigen Dreikammerrückleuchten zu erkennen, die eine Modifizierung des Heckblechs bedingen. Sieht man von dem nur von April bis September 1967 gebauten 2CV „Export" ab, so handelt es sich beim 2CV4/6 um die erste 2CV-Generation, die auch in Frankreich mit vorderen und hinteren Blinkern ausgestattet ist. In den ersten Produktionsmonaten werden vorne übrigens noch eckige Blinker montiert.

Auch bei der Gestaltung des Armaturenbretts steht der 2CV „Export" Pate. Beim 2CV4/6 ist das Armaturenbrett einschließlich Lenkrad allerdings nicht mehr in Schwarz, sondern in Dunkelblau gehalten. Deutsche Käufer müssen übrigens noch bis zum Ende des Jahres warten, ehe auch sie in den Genuss des 2CV6 kommen. Dafür wird 1970

Im Jahr 1970 ist Norbert Hopp mit seinem 2CV in Südfrankreich unterwegs – auch heute noch ein beliebtes Reiseziel bei jungen Leuten.

In den ersten Monaten wird auch der 2CV4 noch mit den typischen eckigen Blinkern der 16-PS-Ente ausgeliefert.

Oben: In den Niederlanden ist die Kastenente in den Siebzigern deutlich weiter verbreitet als in Deutschland.

Oben rechts: Bei diesem Bild weiß man, warum so manches Hinterteil einer Kastenente beim Verschrotten des Autos abgetrennt wird, um als Wandschrank zu dienen.

Rechts: „Hübsche, kluge, charmante, liebenswerte, atemberaubende, faszinierende Mädchen zwischen 18 und 28" haben 1970 die Chance, einen 2CV oder eine Paris-Reise zu gewinnen.

Pressebild eines frühen 2CV4/6 von 1971

Ein 2CV, Modell '73, im damals äußerst beliebten Farbton „rouge de Rio".

Das Brautpaar fährt hier wie oft in den Sechzigern und Siebzigern 2CV.

in Deutschland und den in puncto 2CV offensichtlich gleichfalls traditionsbewussten Niederlanden parallel zum 2CV4 eine spezielle Version der 16-PS-Ente mit der im Februar eingeführten neuen Karosserie angeboten. Doch egal, ob 16 PS, 23 PS oder 28 PS – in Deutschland werden alle Versionen grundsätzlich mit dem Einspeichen-Lenkrad der Dyane ausgerüstet.
Im Juli 1970 ersetzt schließlich der AK 400 mit 400 kg Zuladung die bisherige große Fourgonnette AK 350. Das neue Modell ist aufgrund seines deutlich erhöhten Kastens bereits auf den ersten Blick von der Vorgängerversion zu unterscheiden. Hinzu kommt eine neue Sickenstruktur der unteren Karosseriehälfte, die das bisherige feingeriffelte „Wellblech" ersetzt. Kurioserweise besitzt der AK 400 zwar gleichfalls das neue Armaturenbrett, aber weiterhin den „klassischen" Zuganlasser, während die Limousine mit einem knallroten Startknopf ausgerüstet ist, der – ganz modern – einen Magnetschalter auslöst.

Marrakesh-Express & Croisière (1971 – 1973)

Neue Wege beschreitet Citroën 1970 auch in der Werbung: Um gezielt junge Erwachsene anzusprechen, organisiert der stets ideenreiche Kommunikationsdirektor der Marke, Jacques Wolgensinger, in diesem Jahr erstmalig eine große Fernrallye, die „Raid (=Fernfahrt) Paris-Kabul-Paris".
Unter dem Motto „Steigen Sie einfach in Ihren 2CV oder Ihre Dyane und fahren Sie los" steht die Teilnahme an diesem kollektiven Abenteuerurlaub

Aufgrund der historischen und politischen Entwicklung der letzten 40 Jahre, wäre eine Raid wie Paris-Kabul heutzutage gar nicht mehr möglich.

Auch wenn es nicht so aussieht. Visa- und Zollformalitäten sind 1970 eine Normalität.

prinzipiell jedem zwischen 18 und 30 Jahren offen, wobei als Reisefahrzeuge neben 2CV ausschließlich Dyane und Méhari zugelassen sind. Als einziges A-Modell bleibt also der wahrscheinlich schon „zu erwachsene" Ami 6 von der Teilnahme ausgeschlossen.

Wolgensinger, der mit dieser Raid geschickt „Flower Power"-Romantik und „Hippie"-Fernweh mit dem Mythos der legendären „croisière"-Expeditionen verknüpft, rechnet zunächst mit gerade einmal 100 Anmeldungen. Letztlich sind es jedoch 1000 Teilnehmer, die sich – auf insgesamt 494 Autos verteilt – am 1. August 1970 auf dem Parkplatz des Pariser Großmarktes in Rungis einfinden.

Die Route der insgesamt 16.500 km langen Reise – die heute in dieser Form gar nicht mehr möglich wäre – führt über die Türkei und den Iran nach Afghanistan, wobei pro Tag im Schnitt mehr als 600 km zurückgelegt werden müssen, um den engen Zeitplan einzuhalten. Um einen der insgesamt zehn als Preise ausgeschriebenen 2CV zu gewinnen, zählt aber nicht allein das fahrerische Können. Jedes Team ist nämlich zudem verpflichtet, nach seiner Rückkehr eine Reportage zu erstellen, die in Wort und Bild die Geschehnisse der Rallye dokumentiert – wobei die Bild- und Verwertungsrechte automatisch an Citroën übergehen ...

Bestes deutsches Team der „Raid Paris-Kabul" sind übrigens Dr. Lutz-Alexander Hildebrand und Ulrich Neckel.

Nicht nur in Bezug auf das Medienecho, das die erste Raid hervorruft, fällt die Bilanz des Jahres 1970 für Citroën sehr erfreulich aus: So werden in diesem Jahr 50.000 2CV mehr produziert als 1969. Auch in Deutschland befindet sich der 2CV weiter im Aufwind. Mit 17.720 verkauften 2CV und 2CV4 verzeichnet Citroën Deutschland das beste Ergebnis seit Importbeginn.

Im Frühjahr 1971 testet Klaus Westrup für *auto motor und sport* den nun auch in Deutschland erhältlichen neuen 2CV6. Es ist vor allem der „außerordentlich gute Fahrkomfort", der Westrup begeistert. Dieser trage „entscheidend dazu bei, dass sich typische 2CV-Fahrer trotz bescheidener Motorleistung gerne auf langwierige Exkursionen begeben." (*ams* 8/71).

Sehr aufschlussreich ist aber auch, was Westrup ansonsten noch zum „typischen 2CV-Fahrer" einfällt. So heißt es in dem Testbericht, der mit dem bezeichnenden Titel „Studentenfutter" überschrieben ist: „Dem 2CV-Fahrer traut man Fremdsprachenkenntnisse oder auch politische Bildung viel eher zu als vielen anderen Leuten, die für ihr Auto viermal so viel oder noch mehr zahlen. Kein Wunder also, dass der 2 CV in bestimmten Kreisen in ist, und kein Wunder auch, dass er immer dann häufiger im deutschen Straßenverkehr in Erscheinung tritt, sobald eine Universität in der Nähe ist."

Doch damit nicht genug: Westrup bezeichnet den 2CV nämlich auch noch als „Statussymbol für gepflegten Lebensstil, in dem andere erstrebenswerte Dinge nicht zugunsten eines eventuell zu teuer erkauften Wagens zweitrangig werden". Der Artikel in der *ams* ist ein schönes Beispiel dafür, dass die

Abseits der großen Städte dürfte die Begegnung mit den Teilnehmern der Raid für viele Menschen sicherlich eine Art Kulturschock dargestellt haben.

Die Blaue Moschee verrät, dass die Raid Istanbul erreicht hat.

Für Citroën liefern die Raids ein umfangreiches Reservoir an stimmungsvollen Bildern mit exotischem Dekor.

Lagerfeuer mit Flötenmusik in einem Ambiente, das an Easy Rider erinnert.

Auf alle Eventualitäten vorbereitet, präsentiert sich diese buntbemalte Kastenente.

Barbecue am Wegesrand.

31. August 1971: 1300 Teilnehmer, verteilt auf 467 Autos warten auf das Startsignal für die Raid Paris-Persepolis

Ente in Deutschland damals ein ganz spezifisches Image hat, das sie aus der Masse der „normalen" Kleinwagen heraushebt.

Am 31. Juli startet in Rungis die zweite der drei großen Raids, diesmal „Paris-Persepolis-Paris".

Nicht zuletzt aufgrund des gigantischen Medienechos der Raid „Paris-Kabul" nehmen an der zweiten Raid „Paris-Persepolis" insgesamt 1300 junge Menschen aus 11 Nationen teil.

Kastenenten sind in den Siebzigern und Achtzigern auch losgelöst von den Raids bei vielen Globetrottern beliebt.

Eigentlich wäre Harald Hesse selbst gerne bei Paris-Persepolis mitgefahren. Als dies nicht klappt, macht er sich mit seiner Ente auf den Weg in die Türkei. In Jugoslawien trifft er schließlich per Zufall auf die Teilnehmer der Raid, die gerade in die Fähre nach Marseille einschiffen.

Für heutige Begriffe ist es schwer vorstellbar, dass viele der Raid-Teilnehmer tausende von Kilometern in 12- und 16-PS-Enten abspulen.

Dyanen dürfen mitfahren, Amis nicht – vielleicht fehlt Letzteren ja der Geschmack des Abenteuers ...

Diesmal gehen 467 Enten und 2CV-Derivate an den Start, wobei das Reglement weitgehend dem des Vorjahres entspricht. Doch nicht jedes der 467 Autos wird von der Rallye unbeschadet zurückkehren. So erleidet beispielsweise die Kastenente eines jungen deutschen Paares in der Türkei einen Totalschaden. Dies allein wäre eigentlich schon schlimm genug. Die beiden haben jedoch die Rechnung ohne die türkischen Behörden gemacht. Bei der Ausreise verlangen diese nämlich, dass der Besitzer der havarierten Ente, der zusammen mit seiner Freundin von einem freundlichen Team „an Bord genommen" wurde, 2000 Kilometer zurückreist, um vor Ort zu belegen, dass die Ente auch wirklich Schrott ist – ansonsten drohe ihm die Zahlung eines saftigen Zolls für Importfahrzeuge.

Wirklich reibungslos verläuft die Fahrt durch die Türkei für fast kein Team. Für viele Einwohner der entlegenen türkischen Bergdörfer bedeutet die Begegnung mit den langhaarigen „Hippies" in ihren teils buntbemalten Enten nämlich 1971 noch einen wahren „Kulturschock". Vor allem die Kinder im „wilden Kurdistan" machen sich einen Spaß daraus, die seltsamen Fremden mit Kuhmist und faulen Tomaten zu bewerfen. Weitaus gefährlicher sind jedoch die per Schleuder verschossenen Steine, die nicht selten die Türen und die Scheiben der Autos durchschlagen. Ungeachtet solcher Widrigkeiten wird sich jedoch die Mehrzahl der Raid-Teilnehmer noch Jahrzehnte später mit Wehmut

Dieses Bild illustriert sehr schön, dass die Teilnehmer der Raids Anfang der siebziger Jahre in für sie fremde Welten vorstoßen.

an dieses Abenteuer zurückerinnern. Für manche Teilnehmer zahlt sich das Mitmachen im Übrigen nicht nur ideell aus. So gewinnen die drei jungen Kölner Michael Euler, Reinhard Euler und Gottlieb Zila als bestes nationales Team und dritte der Gesamtwertung einen fabrikneuen Citroën Méhari. Da dieser in Deutschland jedoch keine Betriebserlaubnis besitzt, erhalten sie als Ersatz einen 2CV4.
Angesichts des enormen Werbeeffektes hat sich die Raid aber auch für Citroën gelohnt. Allein in Frankreich wird 1971 in 2000 Artikeln und Reportagen über die Raid Paris-Persepolis-Paris berichtet.
1972 findet zwar keine Raid statt, doch am 22. Juni starten in Argenton sur Creuse Dutzende von Enten zum „24 Stunden Pop-Cross“. Verantwortlich für dieses wilde Spektakel zeichnet natürlich wieder Jacques Wolgensinger, der auch dafür sorgt, dass dieses Ereignis mit insgesamt 6000 Zuschauern von Alain Beauvais im Film festgehalten wird.

Es ist nicht zuletzt dem Erfolg des Films „Pop`cross“ zu verdanken, dass noch bis 1981 von Citroën gesponserte nationale und internationale Meisterschaften stattfinden. Der 2CV-Cross entspricht dem klassenlosen Image des 2CV, da auch Menschen mit geringem Budget teilnehmen können. Alles, was sie brauchen, ist ein alter 2CV und etwas bastlerisches Talent. Verbindlich vorgeschrieben ist allerdings der Einbau eines Sicherheitskäfigs aus Stahlrohren.
Doch auch bei den Serienfahrzeugen wird die passive Sicherheit verbessert. So werden zumindest die Limousinen-Modelle zum Jahrgang 1973 mit sogenannten „Antiburst“-Türschlössern ausgestattet, die im Falle eines Unfalls ein Aufspringen der Türen verhindern sollen. Ab Herbst 1972 besteht zudem die Möglichkeit, hintere Beckengurte einzubauen. Bei allen 2CV-Modellen werden darüber hinaus die Vergaser an die neuen europäischen Abgasnormen angepasst.
Im September 1972 wird auch der AZU überarbeitet. Die kleine Kastenente erhält die Technik des 2CV4, wobei allerdings die Typbezeichnung AZU – um den Zusatz „Serie B“ ergänzt – beibehalten wird. Bei dieser Gelegenheit wird sie optisch an den AK 400 angepasst.

Links: Cross-Enten brauchen einen Sicherheitskäfig – nicht ohne Grund.

Rechts: Wer wird denn gleich in die Luft gehen: Eine Ente hebt 1972 beim „Pop-Cross“ ab.

Im Sommer 1973 startet in Abidjan die letzte der drei Raids, die „Raid Afrique“. Diesmal wird die Teilnehmerzahl allerdings auf 100 Personen beschränkt. Da die Anforderungen an die Autos bei dieser Raid deutlich höher sind als bei den beiden vorhergehenden, gehen zudem ausschließlich fabrikneue Enten an den Start, die von Citroën speziell für die Erfordernisse einer solchen Rallye präpariert wurden. Auf ihrer Fahrt durch den afrikanischen Kontinent werden die 50 einheitlich orange lackierten 2CV insgesamt 8000 Kilometer zurücklegen.

Im fernen Deutschland stellt im November 1973 das von Ulrich Keck herausgegebene 2CV-Kultblatt *Töff* sein Erscheinen ein. Die „ursprüngliche 2 CV-scene" habe sich „so sehr in richtung bürgerlichkeit verändert", dass die Macher der Zeitung keine Perspektive für eine „inhaltliche weiterentwicklung" sehen. (*Töff* 22/23)

Vielleicht ist die Ente aber auch gerade aufgrund der von *Töff* – natürlich in antibürgerlicher Kleinschreibung – beklagten „veränderung des käufertyps" Mitte der siebziger Jahre populärer denn je. Zunehmend wird sie auch als Zweitwagen für die Ehefrau gekauft, die damit zum Einkaufen fährt oder die Kinder von der Schule abholt.

Die Siebziger sind aber auch das Jahrzehnt der bunten Enten. Kaum eine ältere Ente fährt damals noch in ihrer Originalfarbe herum, da die Mehrzahl der häufig jungen Besitzer irgendwann zum Pinsel greift, um ihr Auto anzumalen. Besonders beliebte Farben sind damals „Quietsch"- oder „Giftgrün", Knallrot und Orange.

Ab Herbst 1973 ist der 2CV endlich auch ab Werk in modischen Popfarben lieferbar. So gibt es die Ente nun unter anderem in „orange Ténéré" (AC 329)

Kaum eine 2CV-Farbe ist Mitte der Siebziger in Deutschland so beliebt wie das gelbgrüne „vert palmeraie" – vielleicht weil sie so perfekt zum Geschmack der Zeit passt. Dies findet auch Uwe Boese, der der Ente bis heute treu geblieben ist.

und in „vert palmeraie" (AC 529). Es ist vor allem die mit speziellen „Harlekin"-Sitzbezügen versehene grüne Variante, die genau den Geschmack der deutschen Käufer trifft. Anfang 1974 kommt es aufgrund der hohen Nachfrage nach den „Frühlings-Enten" sogar zu ernsthaften Lieferschwierigkeiten. Zum Modelljahr 1974 wechselt auch die Farbe des Armaturenbretts, das nun in Braun gehalten ist. Außerdem gibt es nach 26 Jahren Produktionszeit endlich einen Aschenbecher.

Die Änderungen des Modelljahres betreffen aber längst nicht nur Äußerlichkeiten. So werden alle in Deutschland verkauften 2CV-Modelle fortan mit einem gepolsterten Einspeichen-Lenkrad ausgestattet, um im Falle eines Unfalls die Verletzungsgefahr im Brust- und Kopfbereich zu verringern. Kurioserweise ist das Sicherheitslenkrad in Frankreich ein Privileg der 2CV6-Käufer. 2CV4- und Fourgonnette-Fahrer müssen dort weiterhin mit dem seit 1963 verbauten Hartplastik-Lenkrad vorlieb nehmen.

Verkaufserfolge in Zeiten der Krise (1974 – 1979)

Im Gefolge der ersten Ölkrise entwickelt sich der eigentlich schon recht betagte 2CV noch einmal zu einem wahren Verkaufsschlager. In Deutschland erreicht die Ente mit 21.696 verkauften Exemplaren 1974 sogar das beste Verkaufsergebnis des gesamten Importzeitraums. Der Höhenflug der Ente ist jedoch nicht auf Deutschland beschränkt: Mit 163.141 produzierten Einheiten markiert das Jahr 1974 nämlich auch das zweitbeste Ergebnis in 41 Produktionsjahren.

Ungeachtet dieser Rekordergebnisse steht die Marke Citroën 1974 finanziell zum zweiten Mal in ihrer Geschichte am Rande des Abgrundes. Die Entwicklungskosten des neuen CX, der Bau eines neuen hochmodernen Werkes in Aulnay-sous-Bois, aber auch die Milliardeninvestitionen in die letztlich doch verworfene Wankeltechnologie haben die Kapitaldecke des Unternehmens aufgezehrt. In

Innenraum sorgen darüber hinaus recht sinnfreie Kunststoffleisten auf den Türen für weitere „Verjüngung" ...

Eine wirkliche Verbesserung stellt aber auf jeden Fall das neue nur von innen zu öffnende Sonnendach dar, das dank eines Klapprahmens dem umständlichen Aufrollen des Verdecks ein Ende bereitet. Hinzu kommt, dass die Ente nun wenigstens ein bisschen besser vor „Langfingern" geschützt ist. Im Herbst 1974 ist darüber hinaus eine kleine Revolution zu verzeichnen: Der 2CV wird von nun an nämlich ganz konventionell mit einem Zündschlüssel gestartet.

Im September 1975 präsentiert Citroën den neuen 2CV Spécial, mit dem nach nur einem Jahr die

Die im Herbst 1974 eingeführten eckigen Scheinwerfer erfreuen sich von Beginn an keiner großen Beliebtheit, auch wenn die Lichtausbeute angeblich deutlich besser ist.

Die Umstellung vom Roll- auf ein Klappverdeck gehört zu den wenigen Neuerungen des Modelljahres 1975, die nahezu ungeteilte Zustimmung erhalten.

Die Gestaltung des Innenraums lässt gleichfalls den spartanischen Geist der alten 2CV wieder aufleben.

dieser Situation notwendige Kredite werden vom Staat jedoch verweigert. Bereits 1974 erfolgen deshalb erste Sondierungsgespräche zwischen Michelin und Peugeot, die darin münden, dass Peugeot 1976 fast 90% des Citroën-Kapitals übernehmen wird.

In die Zeit dieses Umbruchs fällt auch das Facelift, das zum Modelljahr 1975 erfolgt. Die Mehrheit der 2CV-Fahrer wird sich mit den im Herbst 1974 eingeführten eckigen Schweinwerfern jedoch nie anfreunden, auch wenn Citroën Deutschland damals behauptet, dass diese „objektiv betrachtet" eine „gelungene Auffrischung in das Enten-Antlitz" brächten. Zum „dezent verjüngten Gesicht" der Ente gehört auch ein grauer Kunststoffkühlergrill, der den bisherigen Chromgrill ersetzt. Im

Oben: Der auf dem Pariser Salon 1975 präsentierte 2CV Spécial ist eigentlich als preiswerte Sparversion für junge Leute gedacht. Die meisten empfinden ihn aber eher als gelungene Rückkehr zur wahren Ente.

In den Siebzigern lässt sich mit dem 2CV sogar für Tampons werben.

In Zeiten der Energiekrise wird der Spritverbrauch der Ente auch in der Werbung wieder zu einem wichtigen Thema.

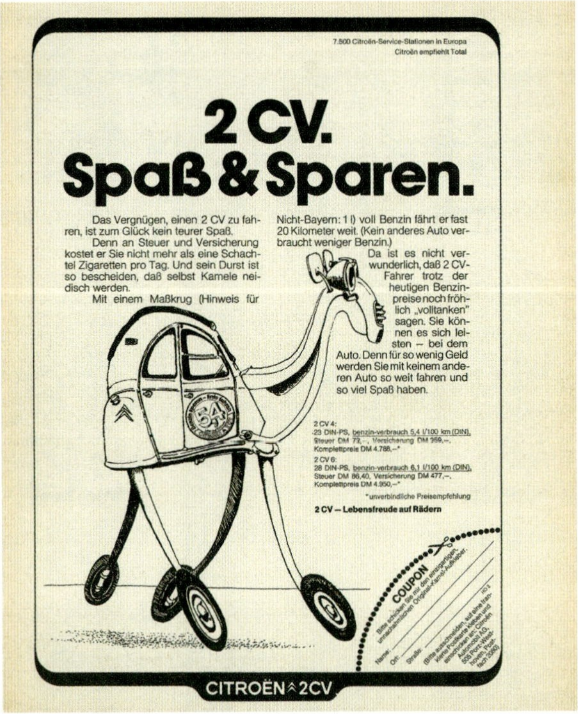

runden Scheinwerfer fröhliche Wiederauferstehung feiern. Der 2CV-Spécial ist in erster Linie als preiswerte Sparversion gedacht, mit der Citroën verstärkt junge Käufer ansprechen möchte. Um den Preis so niedrig wie möglich kalkulieren zu können, werden sämtliche Zierleisten, ein Großteil der Innenverkleidungen, die rechte Sonnenblende, die Verkleidungen der vorderen Türscharniere sowie die Kunststoffleisten auf den Stoßstangen konsequent eingespart. Eingespart wird aber auch das dritte Seitenfenster, so dass der 2CV Spécial von vielen Fans weniger als Billigversion, sondern

Zeitgeschichte 1974-1979

1974

- 1 Liter Normalbenzin kostet durchschnittlich 0,83 DM.
- Udo Lindenberg geht mit seinem Panik-Orchester auf die erste Deutschlandtournee.
- Das Wahlalter von 20 Jahren wird in der Bundesrepublik Deutschland auf 18 Jahre gesenkt.
- Die schwedische Pop-Gruppe ABBA gewinnt mit ihrem Song „Waterloo" den Grand Prix de la Chanson; Start einer unglaublichen Karriere.
- Aufgrund einer Affäre um den Spion Günter Guillaume tritt Bundeskanzler Willy Brandt am 6. Mai zurück.
- Walter Scheel wird zum Nachfolger von Gustav Heinemann gewählt.
- Helmut Schmidt (SPD) wird zum neuen deutschen Bundeskanzler gewählt.
- Der Kammergerichtspräsident Günter von Drenkmann wird von RAF-Terroristen ermordet.

1975

- 1 Liter Normalbenzin kostet durchschnittlich 0,84 DM.
- In Hamburg wird der neue Elbtunnel für den öffentlichen Verkehr freigegeben.
- Die britische Regierung gibt bekannt, dass der Bau des Tunnels unter dem Ärmelkanal bis auf Weiteres aus Kostengründen verschoben werden muss.
- In Stammheim wird der Prozess um die RAF-Terroristen der Baader-Meinhof-Bande eröffnet.
- Das Überschall-Flugzeug Concorde befördert erstmals Passagiere mit Überschallgeschwindigkeit von Paris nach Dakar.
- Die amerikanische Apollo 18 und die sowjetische Sojus 19 koppeln im All aneinander.
- Niki Lauda kann die Formel-1-Weltmeisterschaft für sich entscheiden.

1976

- 1 Liter Normalbenzin kostet durchschnittlich 0,91 DM.
- Der größte Schaufelradbagger der Welt nimmt in Bergheim seinen Betrieb auf.
- Die Terroristin Ulrike Meinhof wird in ihrer Zelle in Stuttgart Stammheim tot aufgefunden.
- Erich Honecker, Generalsekretär der DDR, übernimmt auch das Amt des Staatsratsvorsitzenden.
- Jimmy Carter wird der 39. Präsident der Vereinigten Staaten von Amerika.
- Die deutsche Bundespost stellt die ersten Tastentelefone vor.

1977

- 1 Liter Normalbenzin kostet durchschnittlich 0,88 DM.
- Siegfried Buback wird von Angehörigen der RAF auf offener Straße erschossen.
- Der Orient Express stellt seinen Betrieb nach 94 Jahren des Pendelverkehrs zwischen Istanbul und Paris ein.
- Jürgen Ponto, der Vorstandssprecher der Dresdner Bank, wird von Mitgliedern der terroristischen RAF ermordet.
- In der kalifornischen Wüste unternimmt die US-Raumfähre Enterprise ihren ersten Testflug.
- Elvis Presley stirbt im Alter von nur 42 Jahren.
- Mitglieder der RAF entführen den deutschen Arbeitgeberpräsidenten Hanns Martin Schleyer.
- Eine von Terroristen nach Mogadischu entführte Lufthansa-Maschine wird von der GSG 9 befreit.

1978

- 1 Liter Normalbenzin kostet durchschnittlich 0,91 DM.
- Die deutsche Produktion des VW-Käfers wird eingestellt. Im Volkswagenwerk in Emden läuft der Letzte seiner Art vom Band.
- Zum ersten Mal in der Geschichte der Frankfurter Devisenbörse fällt der Preis für einen US-Dollar unter 2 DM.

1979

- 1 Liter Normalbenzin kostet durchschnittlich 0,99 DM.
- Im Ruhrgebiet wir erstmalig Smog-Alarm ausgelöst und führt unter anderem zu weitreichenden Einschränkungen im Straßenverkehr.
- In Genf findet die erste Weltklimakonferenz statt.
- Karl Carstens wird der Nachfolger von Bundespräsident Walter Scheel.

Der 2CV Spot von 1976 ist das erste offizielle 2CV-Sondermodell. Sein Design spiegelt perfekt den poppigen Geschmack der siebziger Jahre wider.

eher als eine Art Rückbesinnung auf die ursprüngliche Form des 2CV empfunden wird. Zu diesem Gefühl tragen auch der kleine Tacho, die einfachen Sitze sowie die schmale hintere Stoßstange bei, die beim 2CV 4/6 im Herbst 1974 durch eine breite Ausführung ersetzt wurde.

In Deutschland, wo der 2CV-Spécial mit 5800 DM das billigste Neuwagenmodell auf dem Markt ist, setzt Citroën auch in der Werbung auf Nostalgie. So verkündet Citroën anlässlich des deutschen Verkaufsstarts des 2CV-Spécial im Frühjahr 1976: „Die Ur-Ente ist wieder da. An den runden Scheinwerfern und dem schwarzen Rollverdeck werden Sie es sofort erkennen. Auch innen finden Sie Vertrautes: die echten Leinwandsitze."

In Frankreich, aber auch in Deutschland ist der 2CV-Spécial ausschließlich mit dem 435-ccm-Triebwerk des 2CV4 erhältlich. In der Schweiz wird jedoch bereits ab Herbst 1976 alternativ zum gelben Spécial mit 23 PS eine rote Version mit 28 PS angeboten, die ab Anfang 1977 auch in den Niederlanden verkauft wird.

Im April 1976 beginnt mit der Vorstellung des 2CV Spot die Geschichte der 2CV-Sondermodelle. Offiziell feiert die Marke mit der Spot-Ente die Produktion der fünfmillionsten Ente – wobei die Derivate allerdings großzügig mitgerechnet werden. In Wahrheit reagiert Citroën mit dem auf eine junge Klientel zielenden Sondermodell lediglich auf die in Frankreich einbrechenden Verkaufszahlen. Das sehr gelungene Design des auf 1800 Exemplare limitierten 2CV Spot stammt von Serge Gevin, der bereits seit den frühen Sechzigern als Objektgestalter für Citroën tätig ist. Als Grundfarbe des 2CV Spot wählt Gevin ein leuchtendes „orange Ténéré" aus. Kotflügel, Dreiecksbleche, Scheinwerfergehäuse sowie die vordere Seitenwand werden in „blanc Meije" lackiert. Passend zu den Kotflügeln werden auch die Türen unterhalb der seitlichen Zierleisten weiß abgesetzt. Hinzu kommt ein breiter orangefarbener Zierstreifen, der den Namen des Modells, Spot, enthält. Bei letzterem handelt es sich übrigens um einen Phantasienamen. Denn auch wenn häufig behauptet wird, der Name Spot stünde für „SPécial Orange Ténéré", bedeutet er nach Aussage von Gevin eigentlich gar nichts.

1975 spart Citroën zumindest für den französischen Markt auch bei den Kastenenten die Seitenscheiben ein. Zahlreiche Kundenproteste sorgen aber dafür, dass nach kurzer Zeit auch in Frankreich alle Fourgonnette-Modelle wieder mit Seitenscheiben ausgeliefert werden.

Im Innenraum greifen spezielle orange-weiß gestreifte Türverkleidungen und ein gleichfalls gestreiftes „Sonnensegel" – das die Passagiere auf den vorderen Sitzen vor einem Übermaß an UV-Bestrahlung schützt – das charakteristische Farbdesign des Sondermodells auf. Der 2CV Spot ist zudem das einzige Modell der siebziger Jahre, das ab Werk mit Radkappen geliefert wird. Obwohl die Spot-Ente in zahlreiche europäische Länder exportiert wird, müssen die deutschen 2CV-Fans damals leider auf dieses Modell verzichten.

Zum Modelljahr 1977 werden alle Modelle mit einer Zweikreisbremsanlage ausgerüstet – ein deutliches Plus in puncto Sicherheit. Darüber hinaus wechselt die Farbe des Armaturenbretts von Braun auf Schwarz. Gegen Ende des Jahrzehnts zeichnet sich eine zunehmende Straffung des 2CV-Sortiments ab. So werden bereits im März 1978 die Kastenentenmodelle AKS und AZU aus dem Lieferprogramm gestrichen; nur sechs Monate später fällt schließlich auch der 2CV4 dem Rotstift zum Opfer. An dessen Stelle tritt der 2CV4 Spécial, der ab Herbst 1978 über ein drittes Seitenfenster verfügt und nun in den gleichen Karosseriefarben wie der 2CV6 lieferbar ist. Gegen Aufpreis kann der Spécial fortan nicht nur mit Kunstledersitzbänken, sondern auch mit den Stoffsitzen des 2CV6 Confort geordert werden.

Ab Modelljahr 1980 wird in Deutschland ausschließlich die Ausstattungsvariante Club angeboten.

Ab Modelljahr 1980 wird schließlich grundsätzlich nur noch der im September 1978 eingeführte 600-ccm-Motor mit Registervergaser verbaut. In Frankreich und in den Beneluxländern haben die Käufer jedoch mit dem 2CV6 Club und dem 2CV6 Spécial die Wahl zwischen zwei Ausstattungsvarianten. Erstere unterscheidet sich übrigens nur im Namen vom bisherigen 2CV6 Confort. In Deutschland wird ab September 1979 ausschließlich die gehobene „Club"-Version mit Einzelsitzen, eckigen Scheinwerfern, Klappverdeck, großem Tacho und breiter hinterer Stoßstange angeboten werden.

Im Herbst 1978 erhält auch der 2CV Spécial ein drittes Seitenfenster, was sich zumindest auf die Sichtverhältnisse positiv auswirkt.

Charleston mit James Bond (1980 – 1985)

Mit gerade einmal 7750 DM erweist sich 2CV-Fahren auch im Jahr 1980 noch immer als ein vergleichsweise preiswertes Vergnügen – vor allem, wenn man bedenkt, dass ein Renault 4 TL damals mehr als 1000 DM teurer ist. Der billigste Opel Kadett schlägt 1980 sogar mit 11.425 DM zu Buche.

Und obgleich die Verkaufszahlen seit dem Rekordjahr 1974 deutlich zurückgegangen sind, verkauft sich die Ente Anfang der Achtziger in Deutschland immer noch sehr gut. Für den französischen Dauerseller erweist sich die Bundesrepublik damals zunehmend als wichtigster Exportmarkt. Die Nachfrage ist sogar so groß, dass Neuwagenkäufer 1980 drei Monate auf die Lieferung einer neuen Ente warten müssen.

In seinem Heimatland sieht sich der 2CV jedoch seit Mitte der siebziger Jahre zunehmend der Konkurrenz modernerer Kleinwagenkonstruktionen wie Renault 5, VW Polo, Peugeot 104 oder auch Citroën Visa ausgesetzt, so dass die Verkäufe auf dem französischen Markt um 1980 herum massiv einbrechen. Um die Verkäufe anzukurbeln, beauftragt Citroën ein weiteres Mal Serge Gevin damit, das Design für ein neues 2CV-Sondermodell zu entwerfen. Inspiriert von den „années folles", den „Zwanziger Jahren", entwickelt Gevin eine zweifarbige Nostalgie-Version des 2CV, die im Oktober 1980 auf dem Pariser Salon debütieren wird. Das in Bordeaux und Schwarz gehaltene Sondermodell „Charleston" ist auf 8000 Exemplare limitiert, die in kürzester Zeit ausverkauft sind. Exklusivität hat aber durchaus ihren Preis: Mit 8590 DM ist das Sondermodell in Deutschland immerhin fast 600 DM teurer als ein 2CV6 Club, der bis auf die Lackierung und die von der Dyane übernommenen Radkappen in der Ausstattung absolut gleichwertig ist.

Im Gefolge des Sondermodells ziehen in Frankreich übrigens auch die Verkäufe des normalen 2CV wieder an, doch leider besteht nicht überall

Grund zur Freude. Am 17. Dezember 1980 schließt die Fabrik in Forest – nach 54 Jahren und mehr als 1.000.000 gebauten Autos – auf Geheiß der französischen Konzernleitung für immer ihre Pforten. Offiziell wird die Schließung mit der mangelnden Rentabilität des belgischen Werks begründet.

Bereits im Juli 1981 erfolgt die letzte grundlegende Modellpflegemaßnahme: Zwölf Jahre nach dem Ami 8 und vier Jahre später als die Dyane verzögert nun endlich auch der 2CV mit vorderen Scheibenbremsen. Diese verbessern vor allem auch die Wartungs- und Reparaturfreundlichkeit.

Zum Modelljahr 1982 feiert zudem die legendäre Fliehkraftkupplung ein kurzes Comeback. Deutsche Käufer müssen allerdings auf diesen kurzlebigen 2CV6 SpécialE verzichten.

Nicht verzichten müssen sie auf die Serienversion der „Charleston"-Ente, die im Juli 1981 in das reguläre Lieferprogramm aufgenommen wird. Gegenüber dem Sondermodell zeigt sich die Serienversion allerdings geringfügig modifiziert. So ersetzen einfarbig graue Sitzbezüge die bisherigen Sitze mit „Hahnentritt"-Muster. Einen weiteren auffälligen Unterschied bilden die Scheinwerfer, die nun verchromt sind.

Im Herbst 1981 nutzt Citroën den Erfolg des James Bond-Streifens „In tödlicher Mission", der eine atemberaubende Verfolgungsjagd mit einem gelben 2CV enthält, zur Präsentation der Sonderserie „007". Diese ist auf jeweils 500 Exemplare für den britischen und den französischen Markt limitiert. In der Ablage jeder „007"-Ente findet der Käufer übrigens eine Tüte mit schwarzen Punkten zum Aufkleben, so dass sich jedes Auto mit einem individuellen „Einschuss-Muster" versehen lässt ...

Bis heute gilt das rot-schwarze Modell als Inbegriff der „Charleston"-Ente.

Anfang der Achtziger sind bunt bemalte und mit unzähligen Aufklebern versehene Enten eigentlich im Umfeld jeder „Anti-AKW-" und „Friedensdemo" zu finden. Die Ente ist aber nicht nur in der „Alternativen Szene" sehr beliebt. Als preisgünstigstes Cabriolet auf dem deutschen Markt ist sie auch für eine junge Klientel interessant, die sich einfach das Surfbrett aufs Dach schnallen und Spaß haben will. So kommt es, dass in der Dekade der Karottenjeans und Schulterpolster vor allem „Charleston"-Enten und die damals gleichfalls sehr angesagten weißen Enten immer häufiger auch vor der Rollerdisco oder gar am Tennisplatz geparkt werden.

Präsentation des Sondermodells „007" auf der Place Vendôme in Paris.

Zum Modelljahr 1982 gewährt Citroën Deutschland für alle Modelle eine sechsjährige Garantie gegen Durchrosten – unter der Bedingung, dass der Kunde zwei kostenpflichtige Nachbehandlungen durchführen lässt. Diese Maßnahme, mit der Citroën endlich die imageschädigenden Rostproble-

Montage und Endkontrolle der Motor- und Getriebeeinheit.

Die Rohkarosserie wird für die Lackierung vorbereitet.

Auch in den Achtzigern wird im Werk Levallois noch ausschließlich per Hand lackiert.

Im Grunde hat sich seit den fünfziger Jahren an den Arbeitsabläufen nichts geändert. Mit einer Ausnahme: Die Karosserien weisen jetzt verschiedene Farben auf.

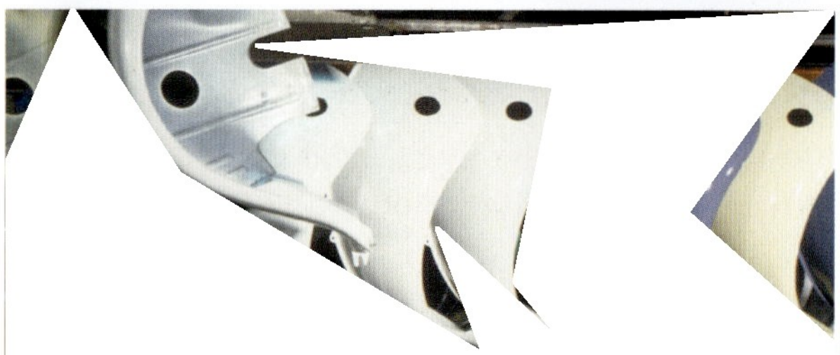

Ein Arbeiter komplettiert vordere Kotflügel mit Schmutzlappen und einer Gummidichtung im Bereich der seitlichen Motorentlüftung.

me in den Griff kriegen möchte, wird sich beim 2CV allerdings als Bumerang erweisen. Ab 1983/84 sind die 2CV-Chassis nämlich von solch einer schlechten Qualität, dass sie trotz Nachbehandlung häufig nach vier bis fünf Jahren massive Rostschäden aufweisen. Im Zuge der Gewährleistung müssen deshalb noch bis weit in die neunziger Jahre hinein Rahmen auf Garantie gewechselt werden.

Ab Sommer 1982 bietet Citroën eine zweite Farbvariante der „Charleston"-Ente an. Der kommerzielle Erfolg der gelb-schwarzen Version ist jedoch so gering, dass sie bereits ein Jahr später durch eine hellgrau-dunkelgraue Version ersetzt wird. Im März 1983 läuft ein weiteres Sondermodell vom Stapel, das anders als die „007"-Ente wieder von Serge Gevin gestaltet wurde. Mit dem Verkauf des auf 2000 Exemplare begrenzten Modells „France 3" sponsert Citroën die Teilnahme der gleichnamigen Segelyacht am „America's Cup". Als Basis der „France 3" dient ein weißer 2CV6 Spécial, der mit einem blauen maritimen Streifendekor versehen wurde. Letzteres findet sich auch auf Sitzen und Rolldach.

Im Sommer 1983 wird Deutschland schließlich für einige Tage gänzlich zum Zentrum der Entenwelt. Vom 23.07. bis zum 27.07. treffen sich nämlich eineinhalbtausend 2CV-Begeisterte aus 16 Nationen im Archäologischen Park von Xanten zum „5th International Meeting of 2CV Friends". Einer der Höhepunkte des Treffens ist das „römische Wagenrennen" mit Streitwagen auf 2CV-Basis, das stilecht im Amphitheater stattfindet. Obwohl beim 2CV ja eigentlich die Pferde vorne ziehen, wird deren Aufgabe in diesem Fall allerdings von antik gewandeten Enten-Fans übernommen. Das begeistert aufgenommene Treffen, das vom Citroën-Club-Rhein-Ruhr, dem Dachverband der deutschen 2CV-Clubs, organisiert wird, ist damals sogar der *auto motor und sport* einen mehrseitigen Artikel wert. Anders als heute überwiegen zu dieser Zeit noch die „personalisierten" Enten. Dies muss auch *ams* feststellen: „Serienmäßige Exemplare der Gattungen 2CV Club, Charleston, Dyane oder Acadyane waren so selten wie karierte Erpel im Dorfweiher. Eine auffäl-

Als Thomas Lenz 1982 eine Panne mit seiner Vespa hat, sorgt seine Ente für einen sicheren Heimtransport von Fahrer und Roller.

Wolfgang Tillmann überrascht seine Schwester Mitte der 80er Jahre mit einer als Geschenk verpackten Geburtstagsente.

lige Bemalung war das Mindeste, mit dem die Autos der Teilnehmer glänzen mussten. Die meisten hatten zudem das Blechkleid ihrer vierrädrigen Gefährte verändert, wobei die spektakulärsten Autos – wen wundert es – aus jenen Ländern stammten, in denen das Wort TÜV unbekannt ist." (*ams* 19/83)
Inwieweit sich die Berichterstattung über das Welttreffen auf die Verkaufszahlen in Deutschland auswirkt, lässt sich nicht genau sagen; mit 13.150 Exemplaren fallen sie für 1983 zumindest deutlich besser aus als im Vorjahr. Nach langer Zeit ist der 2CV ab Modelljahr 1984 erstmals wieder mit einer großen Heckklappe lieferbar. Im Grunde handelt es sich bei dieser Neuheit aber lediglich um eine geringfügig modifizierte Neuauflage des Enac-Kits aus den sechziger Jahren.

Im März 1984 folgt eine zweite Auflage der „France 3". Für den Export in die Beneluxländer und die Bundesrepublik wird das Sondermodell allerdings in „Transat" (=Liegestuhl) umgetauft. In Großbritannien firmiert die „France 3/Transat" hingegen unter „Beachcomber" (=Tagedieb). Bei beiden Exportversionen entfällt logischerweise die Silhouette der Segelyacht, die normalerweise die Heckklappe schmückt.

Zu dieser Zeit liegen die 2CV-Verkäufe in der Bundesrepublik im europäischen Vergleich immer noch auf einem sehr hohen Niveau; mittlerweile sind sogar 20% der Gesamtproduktion für den deutschen Markt bestimmt. Die Modellentwicklung wird zudem auf ein Minimum heruntergefahren. Zum Modelljahr 1985 wird das Design der beiden „Charleston"-Versionen vereinfacht: Die Grundfarbe der grau-grauen Version ist nun „gris cormoran", während die der schwarz-roten „Charly" schwarz ist. Letztere liefert übrigens die Basis für eine Sonderserie von einfarbig schwarz lackierten 2CV6 Club, die 1985 in die Bundesrepublik geliefert wird. Ganze zehn schwarze Enten gelangen in diesem Jahr auch in die Niederlande. Wer eine lange Lieferzeit in Kauf nimmt, der kann jedoch zumindest in Belgien auf Bestellung noch bis 1990 in den Genuss eines komplett schwarzen 2CV6 Spécial kommen.

Das maritime Sondermodell France 3 wird von Citroën passend vor dem noblen Hotel Normandy im Seebad Deauville abgelichtet.

Der Spécial dient auch als Basis für das Sondermodell Dolly, das im März 1985 in einer auf 3000 Exemplare beschränkten Auflage auf den Markt kommt.
Zur Auswahl stehen drei Farbkombinationen: Grau-Rot, Weiß-Grau sowie Grau-Cremegelb, wobei jede Variante ein individuelles, erneut von Serge Gevin entworfenes Farbdesign besitzt.
Obwohl 1500 Exemplare der Sonderserie für den Export bestimmt sind, müssen deutsche Käufer auf alle drei Farbvarianten verzichten.

Ökologisch korrektes Ende (1985 – 1990)

Im Juli 1985 zeigt sich, dass die Ente ungeachtet ihres mittlerweile recht fortgeschrittenen Alters durchaus noch für Überraschungen gut ist. Mittels einer geringfügig verringerten Verdichtung gelingt es Citroën nämlich, eine Einstufung des 2CV als „bedingt schadstoffarm“ zu erreichen. Die Einführung von Schadstoffklassen bei der KFZ-Besteuerung erfolgt 1985 im Kontext der damals in den Medien allgegenwärtigen Diskussion über das so genannte „Waldsterben“. Für die Käufer einer Ente zahlt sich die Einstufung in die zweitbeste Schadstoffklasse durchaus in barer Münze aus, da ihr Auto für immerhin dreieinhalb Jahre von der Kraftfahrzeugsteuer befreit ist.
Offensichtlich ist ökologisches Bewusstsein damals im Wesentlichen noch auf deutschsprachige Länder beschränkt: Die neuen „Bleifrei“-Motoren werden nämlich ausschließlich in die nach Deutschland und Österreich exportierten 2CV eingebaut. Um die erfolgreiche Einstufung der Ente als „bedingt schadstoffarm“ zu feiern, präsentiert Citroën

Die zweite Serie der Dolly vom Herbst 1985 findet auch in Deutschland reißenden Absatz. Auf die grün-weiße Variante müssen deutsche Käufer allerdings verzichten.

Oben links: Nicole Mingers 1985 vor ihrer „Charleston"-Ente, die ihren gelben 2CV4 ablöst.

Oben rechts: Sauss-Enten im Originalzustand sind heute sehr selten, sie passen aber sehr gut zu einem entspannten Lebensgefühl – wie dieses Bild von Ibiza belegt.

Deutschland im September 1985 auf der IAA in Frankfurt das erste deutsche Sondermodell, die – wie sollte es auch anders sein – grüne „I fly bleifrei"-Ente. Citroën bewirbt seinen umweltfreundlichen „Evergreen" übrigens mit dem Slogan „Die Grünen kommen". Interessanterweise werden 1985 auch in der Schweiz 400 Exemplare des ökologisch korrekten Sondermodells verkauft, wobei es eigens für die Romandie eine französische Version der „Grünen Ente" gibt – „Le canard vert".

Wer damals nicht schnell genug ist, um eine der 1500 deutschen „I fly bleifrei"-Enten zu ergattern, dem bietet sich bereits im darauffolgenden Monat eine neue Chance zum Erwerb eines Sondermodells. Aufgrund der gewaltigen Nachfrage nach den ersten Dolly-Sondermodellen legt Citroën nämlich bereits im Oktober 1985 eine zweite Serie auf. Diesmal werden allerdings beachtliche 1800 Exemplare nach Deutschland importiert. Obwohl die Dolly in ihrem Heimatland in drei verschiedenen Farbvarianten angeboten wird, gönnt Citroën deutschen Käufern jedoch nur die Auswahl zwischen den Farbkombinationen Weiß-Rot und Cremegelb-Bordeaux. Dies wiederholt sich auch bei der dritten Dolly-Serie, die ab März 1986 an die Händler der Marke ausgeliefert wird. War es im Herbst 1985 die Variante Weiß-Grün, so müssen die deutschen Kunden nun auf die äußerst elegante Variante Nachtblau-Cremegelb verzichten.

Ausschließlich für den französischen Markt bestimmt ist auch das Sondermodell „Cocorico", das im Oktober 1986 aufgelegt wird. Eigentlich soll es den Sieg der französischen Fußballnationalmann-

„Von 0 auf 100 in 59,4 S." Es ist vor allem die raketenhafte Beschleunigung, die der Sauss-Ente zu ihrem Namen verhilft.

Die letzte Hochzeit: Ein letztes Mal vereinigen die Arbeiter des Werkes Mangualde Karosserie und Chassis eines 2CV.

Eigentlich ist die letzte Ente gar nicht die allerletzte Ente. Warum? Fragen sie doch einfach den damaligen Leiter des Werks Mangualde ...

schaft bei der WM 1986 feiern. Als daraus nichts wird, feiert Citroën mit dem in den Farben der Tricolore gehaltenen Sondermodell ganz einfach die französische Lebensart als solche. Der etwas eigentümliche Name „Cocorico" steht folglich für den Schrei des gallischen Hahns. Auf Deutsch würde das Auto demnach auf „Kikeriki" hören ...

Humorvoll präsentiert sich auch das zweite und letzte deutsche 2CV-Sondermodell, die „Sausss-Ente", die am 16.Februar 1987 der Öffentlichkeit vorgestellt wird. Im Grunde handelt es sich um eine leicht abgewandelte Neuauflage der „I fly bleifrei"-Ente. Die auf 2000 Exemplare limitierte „Sausss-Ente" entsteht gleichfalls auf der Basis des 2CV6 Club. Das Dekor besteht diesmal aus einer gezeichneten Ente mit Sturzhelm, die einen geschwungenen „Sausss"-Schriftzug hinter sich herzieht. Mit der einheitlich grünen Farbgebung verweist Citroën Deutschland erneut auf die nach damaligen Begriffen gute Umweltverträglichkeit der Ente. Schnell ist eine Sausss-Ente natürlich auch nach damaligen Begriffen nicht; aus diesem Grund findet sich sowohl auf der Heckklappe des Autos als auch in der Werbung stets der selbstironische Hinweis „von 0 auf 100 in 59,4 S."

Obwohl die Ente in den Jahren 1986 und 1987 zumindest in Deutschland noch einmal sehr gute Verkaufsergebnisse erzielt, beginnen auch auf dem mittlerweile wichtigsten Exportmarkt die Verkäufe einzubrechen. 1988 werden gerade einmal 8978 Neufahrzeuge zugelassen – das schlechteste Ergebnis seit 1968. Hinzu kommt, dass immer mehr europäische Länder Autos ohne geregelten Katalysator die Zulassung verweigern; so darf der 2CV ab Oktober 1987 in Österreich und in der Schweiz nicht mehr verkauft werden.

Im Januar 1988 präsentiert Citroën Belux auf dem Brüsseler Salon das letzte offizielle Sondermodell. Der auf 1000 Exemplare beschränkte 2CV Perrier ist jedoch ausschließlich für Belgien und Luxemburg bestimmt. Das Sondermodell entsteht in Zusammenarbeit mit der gleichnamigen Mineralwassermarke. Obwohl sie zahlreiche nette Accessoires und Details aufweist, zeichnet sich die Perrier-Ente vor allem durch den eingebauten Minikühlschrank aus, der Platz für immerhin sechs kleine Perrier-Flaschen bietet. Die ersten Perrier-Sondermodelle werden übrigens noch im französischen Stammwerk Levallois-Perret produziert. Nach 39 Jahren endet die französische 2CV-Produktion am 29. Februar 1988. Bis auf weiteres wird die Fertigung in das portugiesische Zweigwerk Mangualde verlagert. Von einer wirklichen Großserienfertigung kann in Mangualde allerdings keine Rede mehr sein. Dementsprechend fallen auch die Produktionszahlen aus: Mit gerade einmal 19.077 Einheiten im gesamten Jahr 1989 fällt das Fertigungsvolumen zurück auf das Niveau der ersten Produktionsjahre.

Anfang des Jahres 1989 sorgt ein Artikel in der *ADAC-Motorwelt* für Verunsicherung unter deutschen 2CV-Fahrern. Die Zeitschrift hatte über häufige Brüche an der Lenksäule berichtet.

Ente im Zeichen der Tricolore. Die Cocorico dürfte aber nicht nur französischen Patrioten gefallen.

Als Konsequenz aus diesem Artikel bietet Citroën Deutschland allen 2CV-Fahrern eine kostenlose Kontrolle des Lenkrohres durch eine Fachwerkstatt der Marke an.

Zum Modelljahr 1990 erfolgen schließlich die letzten Modellpflegemaßnahmen. Entsprechend der neuen EG-Bestimmungen wird das Fahrgeräusch der Ente mittels einer verbesserten Lärmdämmung und einer geänderten Riemenscheibe des Ventilators von 80 db auf 78 db reduziert. Bei den für Deutschland bestimmten 2CV wird darüber hinaus die Leuchtweitenregulierung modifiziert.

Im letzten Produktionsjahr wird die Ente nur noch in Frankreich, Großbritannien, Belgien, Luxemburg, Portugal und natürlich Deutschland angeboten. Es wird immer offensichtlicher, dass ein Ende der Produktion unmittelbar bevorsteht. Anfang April bestätigt Citroën Deutschland schließlich offiziell, dass es nur noch eine einmalige Lieferung von 800 Enten für den deutschen Markt geben werde. Darüber hinausgehende Bestellungen werden ungeachtet der zahlreichen Kunden- und Händler-Proteste nicht mehr angenommen, da intern längst feststeht, dass die Produktion des Klassikers im Sommer enden wird.

So kommt es, dass am Freitag, den 27. Juli 1990 eine Epoche der Automobilgeschichte zu Ende geht: Um genau 16:30 Ortszeit läuft in Mangualde der offiziell letzte von insgesamt 5.114.961 Citroën 2CV vom Band, eine grau-graue „Charleston"-Ente – die wirklich allerletzte Ente ist allerdings das „persönliche Exemplar" des portugiesischen Werksdirektors.

Im September 1990 widmet die Presseabteilung der Deutschen Citroën AG dem 2CV einen ausführlichen Nachruf mit dem Titel „In memoriam: Citroën 2CV (1948-1990)". Darin heißt es, dass „nicht nur Altersschwäche und Leistungsschwäche" sondern auch „Marktschwäche" unvermeidlich zu einem Produktionsstopp geführt hätten. Außerdem sei beim „besten Willen kein geregelter Kat machbar" gewesen.

Das Schlusswort des Pressetextes ist vielleicht auch ein guter Abschluss für dieses Buch: „Frisst der Fortschritt, der unabwendbare, manchmal auch Dinge, die gar nicht so rückschrittlich waren? Am Grabe eines Klassikers sei dieser Gedanke ausnahmsweise erlaubt."

Heute glücklicherweise nahezu unvorstellbar: Am Haken des gnadenlosen Schrotthändlers startet die Ente zu ihrem letzten Flug.

Zeitgeschichte 1980-1991

1980
- 1 Liter Normalbenzin kostet durchschnittlich 1,16 DM.
- In Karlsruhe wird die Partei der „Grünen" gegründet.
- Wissenschaftler warnen in ihrer Studie „Global 2000" erstmals vor der Erschöpfung der natürlichen Ressourcen auf der Erde.
- Nach zehnjähriger Bauzeit wird der Sankt-Gotthard-Tunnel eröffnet.
- Mit dem Angriff irakischer Militärs auf iranische Ölförderanlagen beginnt der erste Golfkrieg.
- Ronald Reagan wird zum 40. Präsidenten der USA gewählt.
- John Lennon (Ex-Beatle) wird auf offener Straße am 8. Dezember erschossen.

1981
- 1 Liter Normalbenzin kostet durchschnittlich 1,40 DM.
- Ronald Reagan wird bei einem Anschlag schwer verletzt.
- Am 12. April startet die Columbia als erstes wieder verwendbares Space Shuttle zu einem zweitägigen Raumflug von Cape Canaveral.
- Der erste Tatort mit Götz George in der Hauptrolle flimmert über die deutschen Mattscheiben.
- Die Hochzeit von Prinz Charles und Lady Diana darf als mediales Ereignis des Jahres gewertet werden.
- In Frankreich weiht Staatspräsident François Mitterand mit dem TGV den schnellsten Zug der Welt ein.
- In Amerika werden die ersten Fälle von Aids diagnostiziert.

1982
- 1 Liter Normalbenzin kostet durchschnittlich 1,36 DM.
- Walter Röhrl und Christian Geistdörfer können die 50. Rallye Monte Carlo für sich entscheiden.
- Kraftwerk läuten ein neues Zeitalter elekronischer Musik ein und können mit „Das Model" sogar in den britischen Charts auf Platz eins rangieren.
- Das erste deutsche Retortenbaby kommt in Erlangen zur Welt.
- Nicole heißt die Teilnehmerin des Grand Prix de la Chanson, die mit dem Lied „Ein bisschen Frieden" den Gesangswettbewerb für sich entscheiden kann.
- Auf der „Hifivideo 82" in Düsseldorf präsentieren Sony und Philipps die ersten CD-Spieler.
- Durch ein Misstrauensvotum wird Helmut Schmidt (SPD) gestürzt und Helmut Kohl (CDU) zum neuen Bundeskanzler gewählt.
- Der Computer wird vom amerikanischen Nachrichtenmagazin „TIME" zur „Maschine des Jahres" gewählt.

1983
- 1 Liter Normalbenzin kostet durchschnittlich 1,30 DM.
- Apple präsentiert mit „Lisa" den ersten Computer, der sich mit einer Maus steuern lässt.
- An den diesjährigen Ostermärschen nehmen über 700.000 Menschen teil.
- Das größte europäische Sonnenkraftwerk Europas steht fortan auf der Nordseeinsel Pellworm.
- Eine „Wegwerf-Uhr" startet ihren Siegeszug: Die Swatch-Uhr wird alleine in diesem Geschäftsjahr bereits 220.000 Mal verkauft.
- Der deutsche Bundestag billigt in einer Abstimmung die Stationierung von amerikanischen Mittelstreckenraketen auf deutschem Boden.
- In Frankreich werden die Gesetze für den Alkohol-Grenzwert von Autofahrern verschärft. Fortan gelten bei einer Überschreitung von 0,8 Promille Bußgelder von bis zu 3000 DM.
- Michael Jackson bricht mit seiner LP „Thriller" alle bisherigen Rekorde in der Verkaufsstatistik.

1984
- 1 Liter Normalbenzin kostet durchschnittlich 1,31 DM.
- Mittels Volksabstimmung wird in der Schweiz die Einführung einer Autobahngebühr beschlossen, die ab Januar 1985 erhoben werden soll.
- In Deutschland wird per Gesetz ein Bußgeld für das Nicht-Anlegen des Sicherheitsgurtes eingeführt.
- Auf der Teststrecke im Emsland fährt der erste Transrapid erstmals über 300 km/h und ist damit neuer Rekordhalter.

1985
- 1 Liter Normalbenzin kostet durchschnittlich 1,35 DM.
- Daimler Benz übernimmt Anteile von AEG und steigt mit über 66% bei Dornier ein.
- Boris Becker gewinnt mit 17 Jahren das Tennis-Turnier von Wimbledon.
- Forscher entdecken in 4000 Metern Tiefe das Wrack der Titanic.
- Erstmals fliegen deutsche Wissenschaftler mit der Raumfähre Challenger ins All.

1986
- 1 Liter Normalbenzin kostet durchschnittlich 1,01 DM.
- Der neue russische Parteichef Michail Gorbatschow schlägt einen Drei-Stufen-Plan für den Abbau aller Atomraketen auf beiden Seiten vor.
- Die US-Raumfähre Challenger explodiert unmittelbar nach dem Start
- In Tschernobyl kommt es durch einen Zwischenfall zum bis dahin größten Reaktorunfall der Geschichte.
- „Die Schwarzwaldklinik" ist die erste deutsche TV-Serie, die nach Amerika verkauft wird.
- Erstmals seit Jahren fällt der Dollar-Kurs wieder unter 2 DM.

1987
- 1 Liter Normalbenzin kostet durchschnittlich 0,96 DM.
- Helmut Kohl wird erneut zum Bundeskanzler gewählt.
- Der deutsche Mathias Rust landet mit seiner Cessna auf dem Roten Platz in Moskau.
- Über 100.000 Menschen demonstrieren im Bonner Hofgarten für Frieden und Abrüstung.
- Die Weltbevölkerung übersteigt erstmals die Fünf-Milliarden-Grenze.
- Rekordeinbrüche an den internationalen Börsen führen zur vorerst größten Börsenkrise seit 1929.

1988
- 1 Liter Normalbenzin kostet durchschnittlich 0,91 DM.
- Superstar Michael Jackson gibt vor dem Reichstagsgebäude in West-Berlin ein legendäres Konzert.
- Die EG-Mitgliedsstaaten einigen sich auf erste, vorbereitende Maßnahmen zur Einführung des EG-Binnenmarktes und der Währungsunion.
- Steffi Graf gewinnt erstmals das Turnier in Wimbledon.
- George Bush wird zum neuen Präsidenten der USA gewählt.

1989
- 1 Liter Normalbenzin kostet durchschnittlich 1,10 DM
- Insgesamt 108 ostdeutsche Bürger haben sich in die BRD-Vertretung in Budapest geflüchtet und dürfen an diesem Tag das Land Richtung Westen verlassen.
- Daimler-Benz und die zur Lufthansa gehörige MBB fusionieren.
- Ungarn öffnet die Grenzen nach Österreich. In den ersten 24 Stunden nutzen 10.000 DDR-Bürger diese Möglichkeit zur Flucht.
- Bei den Leipziger Montagsdemonstrationen gehen regelmäßig bis zu 70.000 DDR-Bürger auf die Straße, um unter dem Motto „Wir sind das Volk" zu demonstrieren.
- Am 9. November öffnet die DDR die Grenzen zur BRD. Nach 28 Jahren fällt damit die Mauer.

1990
- 1 Liter Normalbenzin kostet durchschnittlich 1,14 DM.
- Michail Gorbatschow gibt Bundeskanzler Helmut Kohl während eines Moskau-Besuchs grünes Licht für eine Wiedervereinigung Deutschlands.
- Der Film „Pretty Woman" füllt die Kinokassen und begeistert nicht nur die deutschen Besucher.
- Oskar Lafontaine wird bei einem Anschlag schwer verletzt.
- Die CDU wird bei den ersten freien Wahlen in der DDR die mit Abstand stärkste Partei.
- Hannover kann sich als Standort für die Expo 2000 gegen Toronto durchsetzen.
- Irakische Militärs marschieren in Kuwait ein und die Golfkrise eskaliert erneut. Der UN-Sicherheitsrat verhängt daraufhin ein nahezu vollständiges Embargo gegen den Irak.
- In Berlin wird der Einigungsvertrag unterschrieben.
- Am 3. Oktober beendet der Beitritt der DDR zur BRD die deutsche Teilung.
- Der Tunnel von Frankreich nach England wird vollendet.

1991
- 1 Liter Normalbenzin kostet durchschnittlich 1,27 DM.
- Eine multinationale Streitmacht eröffnet mit Luftangriffen den Krieg gegen den Irak.
- Der Warschauer Pakt wird endgültig aufgelöst.
- Mit 338 zu 320 Stimmen entscheidet der deutsche Bundestag, dass Berlin wieder die Hauptstadt Deutschlands werden soll.

Technische Daten

Typ	Abmessungen und Gewichte	Füllmengen			
	Radstand mm	Länge (über alles) mm	Breite mm	Höhe (unbelastet) mm	Zulässiges Gesamtgewicht kg
2CV A 1949-1954	2400	3780	1480	1600	830
2CV AZ 1954-1963	2400	3780	1480	1600	810
2CV AZ-A 1963-1970	2400	3780/3860 (AZAM)	1480	1600	860
AZAM6 1965-1967	2400	3860	1480	1600	920
2CV 4 1970-1978	2400	3830	1500	1600	895
2CV 6 1970-1990	2400	3830	1500	1600	895/930
AZU250	2400	3605	1500	1723	910
AK400	2400	3805	1500	1840	1115

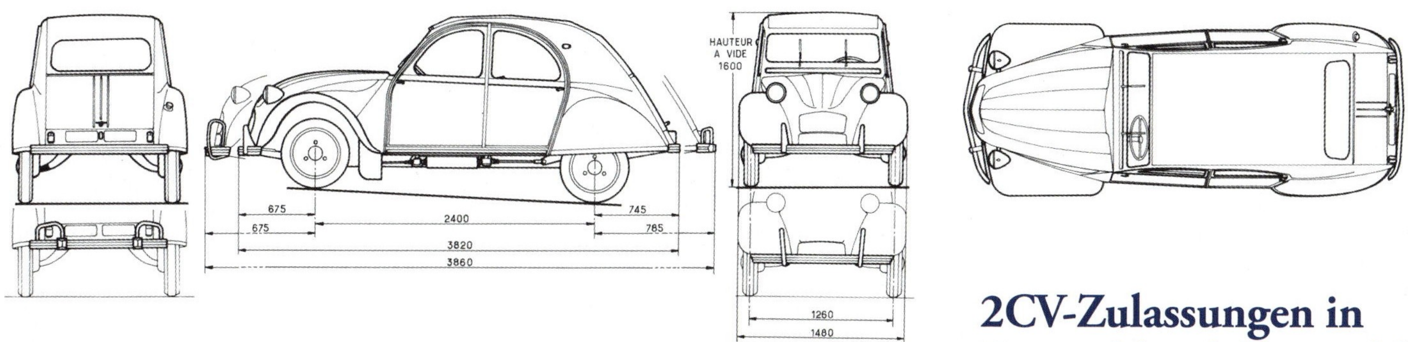

2CV-Preise für Deutschland in DM (Auswahl)

1958	Standard+Luxe: 4750,-		
1959	AZ: 3650,-	AZL: 3950,-	AZUL: 4450,-
1963	Standard: 4090,-	Luxe: 4490,-	Sahara: 9350,-
1966	16 PS: 3990,-	Luxe: 4490,-	3CV: 4890,-
1969	2CV: 3990,-		
1970	16 PS: 3990,-	2CV4: 4130,-	
1971	2CV4:4388,-	2CV6:4597,-	
1974	2CV4: 5490,-	2CV6: 5690,-	
1977	2CV Spécial: 5995,-	2CV4: 6490,-	2CV6: 6790,-
1980	2CV6: 7750,-		
1983	2CV6: 8595,-	2CV6 „Charleston": 9280,-	
1986	2CV6 Club: 8690,-	2CV6 „Charleston": 9450,-	
1989	2CV6 Club: 9390,-	2CV6 „Charleston": 9990,-	
1990	2CV6 Club: 9990,-	2CV6 „Charleston": 10.590,-	

2CV-Zulassungen in Deutschland (Auswahl)

1958	keine Angaben
1959 (Standard+Luxe)	1090
1960	2705
1963	4762
1966 (davon 684 3CV)	7414
1969	10.189
1972	19.889
1975	15.415
1978	16.987
1981	13.369
1984	11.297
1987	12.562
1990	4086
Neuzulassungen 2CV gesamt:	251.790

Motortypen:

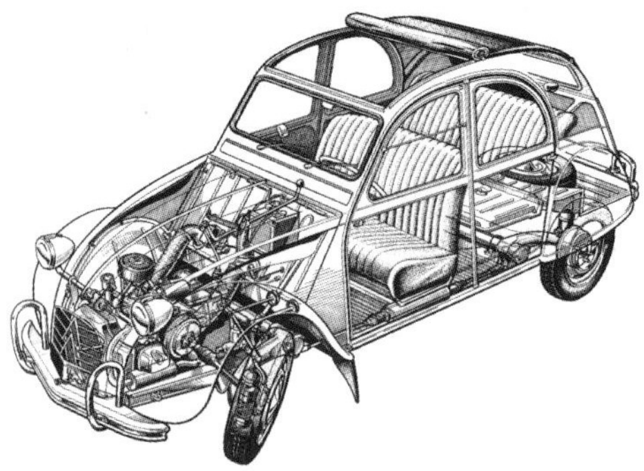

Grundsätzlich:
Luftgekühlter Zweizylinderboxer-Motor

Motortyp: A
(Typenschild: A, AU)
Bauzeit: Juli 1949 – Oktober 1954
(auf Bestellung in Frankreich noch bis 1961)
Eingebaut in: A, AL, AU
Hubraum: 375 ccm
Leistung: 9 PS bei 3500/min
Verdichtung: 6,2:1
Max. Drehmoment: 2 mkg bei 2000/min
Bohrung x Hub: 62 x 66 mm
Lufttrichter: 16,5 mm
Vmax.: 65 km/h
Verbrauch: 4,5 Liter
Elektrische Anlage: 6 Volt

Motortyp: AZ
(Typenschild: AZ, AZU)
Bauzeit: Oktober 1954 – Februar 1963
Eingebaut in: AZ, AZU, AZL, AZUL, AZL3, AZC, AZS
Hubraum: 425 ccm
Leistung: 12 PS bei 3500/min
Verdichtung: 6,2:1
Max. Drehmoment: 2,2 mkg bei 2000/min
Bohrung x Hub: 66 x 62 mm
Lufttrichter: 17 mm
Vmax.: 80 km/h
Verbrauch: circa 5 - 5,5 Liter
AZ grundsätzlich mit Fliehkraftkupplung,
AZU grundsätzlich ohne
Ab Oktober 1961: Geänderte Form des Kolbens, aus diesem Grund erhöht sich die Kompression von 7,2:1 auf 7,5:1. Die Leistung steigt von 12,5 auf 13,5 PS bei 4200/min. Deutsche KFZ-Briefe geben 14 (DIN-)PS bei 4500/min (zuvor 12 (DIN-)PS bei 3500/min) an.
Ab April 1962: Größerer Lufttrichter (19 statt 17 mm), Luftkorrekturdüse 180 M (vorher: 195 M) und geänderte Drehzahl (Zündzeitpunkt). Die Leistung erhöht sich auf 14 PS bei 4000/min und 15 PS bei 4500/min. Deutsche KFZ-Briefe geben 15 (DIN-)PS bei 5000/min (zuvor 14(DIN-)PS bei 4500/min) an.
Verbrauch: 5,5 - 6 Liter

Motortyp: A 53
(Typenschild AZM, AZC, AZU)
Bauzeit: Februar 1963 – Februar 1970
(Für manche Exportländer wie Deutschland einige Monate länger)
Eingebaut in: AZA, AZS, AZU, AZUL, AZAM, AZM3
Hubraum: 425 ccm (dt. Steuerformel 421 ccm)
Leistung: 16 (DIN-)PS bei 5000/min
Verdichtung: 7,5:1
Max. Drehmoment (DIN): 2,75 mkg bei 2500/min
Bohrung x Hub: 66 x 62 mm
Vmax.: 95 km/h
Verbrauch: 5,5 - 6 Liter
Elektrische Anlage: 6 Volt

Motortyp: M4
(Typenschild: AK, AXM & AXC bei AZAM6)
Bauzeit April 1961 – Mai 1968
Eingebaut in: AK 350 und AKL:
April 1963 – Mai 1968
Eingebaut in: AZAM6 (3CV):
Januar 1965 – Oktober 1967
Hubraum: 602 ccm (Dtsch. Steuerformel 597 ccm)
Bohrung x Hub: 74 x 70 mm
Leistung: 21 (DIN-)PS bei 4000/min
Verdichtung: 7,75:1
Drehmoment (DIN): 3,75 mkg bei 3000/min
Vmax: (AZAM6) 104 km/h
Verbrauch: 6 - 6,5 Liter (AZAM6)
Elektrische Anlage: 6 Volt
(AK ab Febr. 66 mit 12 Volt)

Motortyp: A 79/0
AZU: August 1967 – September 1972
Gegenüber A 53 geänderte Verdichtung und Vergaser: 7,75:1
Leistung: 18 (DIN-)PS bei 4750/min
Max. Drehmoment (DIN): 2,9 mkg bei 3250/min
Elektrische Anlage: 6 Volt
(belgische Produktion ab August 67 mit 12 Volt)

Motortyp: A79/1
(Typenschild AYA 2)
Bauzeit: März 1968 – September 1979
Eingebaut in:
2CV4: Februar 1970 – September 1978
AZU (Serie B): September 1973 – März 1978
2CV Spécial: September 1975 – September 1979
Hubraum: 435 ccm (dt. Steuerformel 431 ccm)
Leistung: 23 (DIN-)PS bei 7000/min
Verdichtung: 8,5:1
Max. Drehmoment (DIN): 2,9 mkg bei 4000/min
Bohrung x Hub: 68,5 x 59 mm
Lufttrichter: 28 mm
Vmax: 102 km/h
Verbrauch (DIN): ca. 5.5 Liter

Motortyp: M28/1
(Typenschild AK 2)
Bauzeit: Mai 1968 – September 1978
Eingebaut in: AK: Mai 1968 – März 1978
Eingebaut in 2CV6: Februar 1970 – September 1978
Hubraum: 602 ccm (dt. Steuerformel 598 ccm)
Leistung: 28 (DIN-)PS bei 6750/min
Verdichtung: 8,5:1
Max. Drehmoment (DIN): 4,0 mkg. bei 3500/min
Bohrung x Hub: 74 x 70 mm
Lufttrichter: 28 mm
V/max.: 110 km/h
Verbrauch: ca. 6,5 Liter
Elektrik: 12 Volt
Ab September 1978: Registervergaser statt Einfachvergaser. Die Leistung beträgt nun 29(DIN-) PS bei 5750/min (Motortyp laut Typenschild A 06/635 statt AK2, jedoch weiter Motortyp M 28/1)
Verbrauch: ca. 6,9 Liter
Export Deutschland und Österreich ab Juli 1985: Motortyp laut Typenschild: A 06/664 mit Verdichtung 7,9:1. Die Leistung beträgt 27 (DIN-)PS, vorher: 29 (DIN-)PS

Modelle und Bauzeiten:

A	7/49 – 3/1961
Belg. A	10/52 – 10/54
Belg. AL	1/54 – 10/54
Frz. und belg. AZ	10/54 – 2/63
Belg. AZC	12/55 – 1/61
Belg. AZL	10/54 – 12/57
Belg. AZL3	12/57 – 2/63
Franz. AZL	9/56 – 2/63
Belg. AZS	2/58 – 11/62
Belg. AZS	
(= AZ-A mit Fliehkraftkupplung)	2/63 – 12/65
Frz. und belg. AZU	10/54 – 9/72
Belg. AZUL „Weekend"	5/55 – 8/63
2CV 4X4 (AW)	2/61 – 1966 (67)
AK 350	4/63 – 7/70
AK 400	7/70 – 3/78
Belg. AKL „Weekend"	8/63 – 12/66
Frz. und belg. 2CV AZ-A	2/63 – 2/70
Frz. AZAM und belg. AZM3	3/63 – 9/67
2CV4 (Typ AZ, Serie A 2)	2/70 – 9/78
2CV4 Spécial (AZ, Serie KB)	9/75 – 9/79
2CV6 (Typ AZ, Serie KA)	2/70 – 7/90
2CV6 Spécial (Typ AZ, Serie KA)	8/79 – 7/90